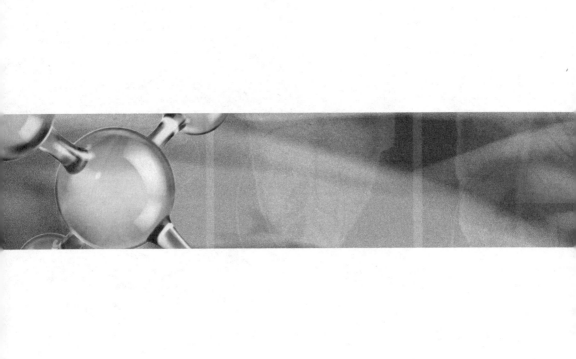

生命科学系列图书

番茄抗叶霉病 *Cf*-16
基因定位及抗病应答机制研究

张冬野 ◆ 著

黑龙江大学出版社
HEILONGJIANG UNIVERSITY PRESS
哈尔滨

图书在版编目（CIP）数据

番茄抗叶霉病 Cf-16 基因定位及抗病应答机制研究 /
张冬野著 . -- 哈尔滨：黑龙江大学出版社，2023.6（2025.4 重印）
ISBN 978-7-5686-0985-2

Ⅰ．①番… Ⅱ．①张… Ⅲ．①番茄－抗病性－基因－
研究 Ⅳ．① S436.412.1

中国国家版本馆 CIP 数据核字（2023）第 069141 号

番茄抗叶霉病 *Cf*-16 基因定位及抗病应答机制研究
FANQIE KANG YEMEIBING *Cf*-16 JIYIN DINGWEI JI KANGBING YINGDA JIZHI YANJIU
张冬野　著

责任编辑	于　丹	
出版发行	黑龙江大学出版社	
地　　址	哈尔滨市南岗区学府三道街 36 号	
印　　刷	三河市金兆印刷装订有限公司	
开　　本	720 毫米 ×1000 毫米　1/16	
印　　张	10.5	
字　　数	172 千	
版　　次	2023 年 6 月第 1 版	
印　　次	2025 年 4 月第 2 次印刷	
书　　号	ISBN 978-7-5686-0985-2	
定　　价	49.80 元	

前　言

　　番茄叶霉病是由叶霉菌(*Cladosporium fulvum*)引起的,在生产中是一种较为严重的真菌病害,一旦发生便迅速传播,最严重时番茄产量可减少80%,且对于保护地番茄的危害尤为突出,最有效的防御方法仍是培育含有抗病基因的抗病品种。目前,实际应用到育种生产中的抗叶霉病基因主要是 *Cf*-5 和 *Cf*-9,但随着叶霉菌生理小种迅速且剧烈分化,它们的抗性被新的生理小种逐渐克服。新的抗叶霉病基因的挖掘变得尤为关键,以便培育新的抗叶霉病品种,减少番茄生产中的损失,提高番茄的产量。

　　含有 *Cf*-16 基因的番茄抗叶霉病材料 Ontario7816 在多年的田间鉴定中抗性表现良好,但目前 *Cf*-16 基因的相关研究较少,且该基因尚未被克隆。本书结合番茄抗叶霉病 *Cf*-16 基因的抗性范围和抗性遗传规律的研究、*Cf*-16 与叶霉菌的互作过程观察及相关生理指标的测定分析、*Cf*-16 基因的定位和 *Cf*-16 与叶霉菌互作的转录组测序(RNA-Seq),综合且全面地对 *Cf*-16 基因进行分析和挖掘,为今后 *Cf*-16 基因的克隆、育种应用以及 *Cf*-16 基因抗叶霉病机制的全面揭示提供理论基础。

　　本书的主要研究结果如下:

　　(1)通过人工接菌鉴定明确了番茄抗叶霉病 *Cf*-16 基因的抗性范围,结果表明含有 *Cf*-16 基因的抗病材料 Ontario7816 对叶霉菌的抗性表现良好,结合笔者所在实验室之前的研究结果,该材料共对 10 个生理小种表现为抗病。

　　(2)构建了 Ontario7816 与 Moneymaker 为亲本的 6 世代群体,并对 F_1 代、F_2 代及 BC_1P_2 代群体进行了人工接菌鉴定,结果表明:F_1 代表现为全部抗病,F_2 代和 BC_1P_2 代群体中的 *Cf*-16 基因的抗、感分离比分别符合 3∶1 和 1∶1

的孟德尔分离定律,明确了 *Cf*-16 基因对叶霉菌的抗性是由单基因控制的显性遗传。

(3)分别对抗、感材料 Ontario7816 和 Moneymaker 与叶霉菌之间的互作过程进行了台盼蓝染色观察,结果表明 Ontario7816 在叶霉菌侵染后表现出强烈的 HR(hypersensitive response,过敏反应),而 Moneymaker 表现出菌丝持续的生长与繁殖。

(4)基于台盼蓝染色的观察结果,本书确定了接种后第 4 天和第 8 天这两个重要的时间节点并进行转录组测序。

(5)对叶霉菌侵染后抗、感材料植株叶片于不同时间点的相关生理指标进行测定。叶霉菌侵染后抗、感材料中 ROS 含量均有所升高,3 种保护酶(SOD、POD 和 CAT)被激活,活性升高,且抗病材料的升高趋势更为明显。叶霉菌侵染后抗病材料 Ontario7816 的 SA 和 JA 含量均呈上升趋势,且 JA 含量在接菌前期迅速上升。

(6)通过亲本重测序结合 BSA 关联分析,将 *Cf*-16 基因定位于番茄 6 号染色体上。随后通过 ΔSNP-index 并结合 SSR 分子标记,得到了两个与 *Cf*-16 基因紧密连锁的 SSR 标记 TGS447 和 TES312,遗传距离均为 1.3 cM。该区间的物理距离为 3.63 Mb。对候选区间内的基因进行多种数据库的功能注释,得到了 2 个可能与已克隆的 *Cf* 基因 LRR-TM 结构相似的候选基因 XM_004240667.3 和 XM_010323727.1。

(7)对接种叶霉菌后第 4 天和第 8 天的抗病材料 Ontario7816 与感病材料 Moneymaker 进行转录组测序。在响应叶霉菌侵染的过程中,抗、感材料在第 4 天时都发生了剧烈的转录变化。最显著富集的 GO 类别与细胞壁的组织或其组成部分代谢相关。绝大多数的差异表达基因显著富集于植物激素信号传导和植物与病原菌互作通路。MapMan 分析的结果表明上调的差异表达基因主要包括 R 基因,MAPK、PR(病程相关蛋白)、TF 相关基因,以及与乙烯、ABA、SA 和 JA 等相关的基因。在植物与病原菌互作通路中编码 RPM1 的基因 109120689、101253178 和 BGI_novel_G001591 极有可能是抗叶霉病基因的候选基因。通过初步的比较分析,在叶霉菌侵染的早期阶段,*Cf*-16 番茄中检测到的上调差异表达基因的数量明显多于 *Cf*-10、*Cf*-12 和 *Cf*-19。

目　　录

1 绪论

目前,以 *Cf* 基因为主导的抗叶霉病基因的挖掘是相关研究的重点,已有多个 *Cf* 基因和其相应的 *Avr* 基因被鉴定和克隆,有的已经应用于分子育种中。但由于叶霉菌生理小种的分化十分迅速且剧烈,新的 *Cf* 基因的鉴定与克隆变得十分关键。相关研究的重点是培育新的抗病品种以及进一步明确不同 *Cf* 基因对叶霉菌的应答机制,从而有效抵御叶霉菌的侵染,保障番茄的安全生产。

Cf-16 基因在多年的田间鉴定中抗性表现良好,且该基因尚未被克隆。本书对 *Cf*-16 基因的研究将为 *Cf* 基因与叶霉菌的互作研究提供新的基因材料,拓宽对植物与病原菌互作机制的认识;利用父、母本重测序技术结合 BSA 关联分析筛选候选区间,通过 SSR 分子标记进一步缩小候选区间,并筛选出候选基因;通过转录组测序对 *Cf*-16 基因介导的抗病过程进行分析,挖掘其抗病信号调控途径,筛选 *Cf*-16 基因介导的抗病应答差异表达基因;从分子水平上阐述番茄抗叶霉病基因与病原菌的互作机制,使 *Cf*-16 基因作为新的抗病基因资源更快地应用于育种实践,为抗病育种和抗性机制研究提供理论基础。

1.1 番茄叶霉病

番茄(*Solanum lycopersicum* L.)即西红柿,是茄科的一年生或多年生草本植物。番茄在中国南北方均有广泛栽培。番茄可以生食、煮食、加工成番茄酱或番茄汁、整果罐藏,是一种重要的蔬菜作物,因其生食口感好,也常被人们作为水果食用。其富含维生素和糖类,其中,丰富的番茄红素对人类健康颇有益处。

　　番茄生产在我国的农业产业结构中占据重要地位。番茄种类繁多,东北农业大学番茄研究所培育的东农701、东农702、东农703等系列品种深受欢迎。此外,因为番茄具有生长周期较短、易于转化和基因组信息丰富等特点,在科学研究中也被当作模式植物。

　　近几年来,随着全世界番茄栽培面积和产量的不断增加,尤其是保护地番茄栽培的面积逐年增加,番茄生产中的病害也越来越严重,经常造成大面积的减产。其中,番茄叶霉病的发生尤为突出。

　　番茄叶霉病俗称"黑毛病",该病害在适合的温度和湿度条件下传播速度尤为迅速,严重时可造成番茄植株大面积死亡。因此,对番茄叶霉病进行相关抗病基因的研究以及抗性品种选育极有意义。

1.1.1　番茄叶霉病的发生及危害

　　番茄叶霉病是由叶霉菌侵染所造成的一种常见的世界级真菌病害,其叶片表型可见图1-1。叶霉菌属于半知菌亚门,随着时间的推移,叶霉菌的分类地位稍有变化。在侵染番茄植株后,叶霉菌快速生长繁殖,分生孢子梗从叶片气孔中伸出,继续生长并伴随分枝,其上产生分生孢子,孢子大多呈圆形或椭圆形,孢子外表面光滑,内部有隔,一般在3个以内。叶霉菌的微观形貌可见图1-2。叶霉菌有许多生理小种,且生理小种的分化十分迅速,从而导致原本的一些抗叶霉病品种丧失抗性。我国对叶霉菌生理小种的研究仍在持续进行中,部分信息可见表1-1。

(a)正面

(b)背面

图 1-1　番茄叶霉病叶片表型

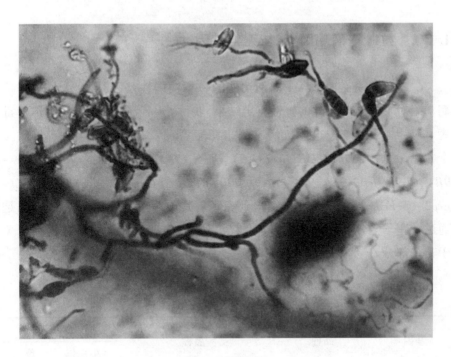

图 1-2　叶霉菌

表 1-1　各地叶霉菌生理小种的分化情况

来源	采样时间	生理小种
北京	1984~1985 年	以 1.2、1.2.3 为主
	1990 年	新增 1.2.4、2.4、1.2.3.4
	1999~2003 年	新增 1.2.3.4.9
东北三省	1991~1993 年	1.2.3(优势小种)、1.3、3
	2002~2003 年	1.2.3、1.2.3、1.2.3.4、1.2.4
	2006~2007 年	1.4、1.3.4、1.2.3、1.2.3、1.3、1.2.4、1.2.3.4
	2014~2015 年	新增 2.5 和 2.4.5
山东省	2002 年	2.3
	2005 年	1.2.3、1.2.3.4
浙江省	1989~2004 年	1.2.3、1.2、1.2.3.4、1.2.4、2.3、2.4

1.1.2　抗叶霉病基因 *Cf* 与无毒基因 *Avr*

Cf 基因是具有典型 Avr 识别功能的一类功能性基因,研究人员根据抗病基因对不同生理小种的抗性鉴定结果,获得 *Cf-1* ~ *Cf-24* 共 24 个抗叶霉病 *Cf* 基因(表 1-2),这些抗病基因来源于番茄及其近缘野生种。目前,6个 *Cf* 基因 *Cf-2*(*Hcr2-2B*,*Hcr2-2C*)、*Cf-5*、*Cf-4*(*Hcr9-4D*)、*Cf-4E*(*Hcr9-9B*)、*Cf-9*(*Hcr9-9C*)、9DC(*Hcr9-M205*)和 4 个 *Cf-Ecp* 基因 *Cf-Ecp*1、*Cf-Ecp*2、*Cf-Ecp*3、*Cf-Ecp*5 已分别得到克隆。其中,*Cf-4* 基因和 *Cf-9* 基因是通过转座子插入方法最先被分离的 *Cf* 基因。东北农业大学番茄研究所关于其余部分 *Cf* 基因的定位与克隆工作仍在持续进行中。

表 1-2　番茄抗叶霉病基因在染色体上的定位

基因	品种	名称	定位	
			染色体	位点
Cf-1	Stirling Castle	*Cladosporium fulvum-1*	1	—

续表

基因	品种	名称	定位	
			染色体	位点
Cf-2	Vetomold	*Cladosporium fulvum*-2	6S	—
Cf-3	V-121	*Cladosporium fulvum*-3	11S	11
Cf-4	P=135	*Cladosporium fulvum*-4	1S	—
Cf-5	Ontario 7717	*Cladosporium fulvum*-5	6S	—
Cf-6	Ontario 7818	*Cladosporium fulvum*-6	6S	—
Cf-6	Ontario 7818	*Cladosporium fulvum*-6	11	—
Cf-7	Ontario 7517	*Cladosporium fulvum*-7	9L	49
Cf-8	Ontario 7522	*Cladosporium fulvum*-8	9L	42
Cf-9	Ontario 7719	*Cladosporium fulvum*-9	1S	—
Cf-10	Ontario 7920	*Cladosporium fulvum*-10	8L	34
Cf-11	Ontario 7916	*Cladosporium fulvum*-11	11	—
Cf-12	Ontario 7980	*Cladosporium fulvum*-12	8L	31
Cf-13	Ontario 7813	*Cladosporium fulvum*-13	11S	27
Cf-14	Ontario 7914	*Cladosporium fulvum*-14	3	67
Cf-15	Ontario 7910	*Cladosporium fulvum*-15	3S	0
Cf-16	Ontario 7816	*Cladosporium fulvum*-16	11S	22
Cf-17	Ontario 7960	*Cladosporium fulvum*-17	11S	20
Cf-18	Ontario 7518	*Cladosporium fulvum*-18	2L	105
Cf-19	Ontario 7519	*Cladosporium fulvum*-19	1S	—
Cf-20	Ontario 7520	*Cladosporium fulvum*-20	2L	50
Cf-21	Ontario 7811	*Cladosporium fulvum*-21	4L	45
Cf-22	Ontario 7812	*Cladosporium fulvum*-22	1S	15
Cf-23	Ontario 7523	*Cladosporium fulvum*-23	7	—
Cf-24	Ontario 7819	*Cladosporium fulvum*-24	5S	36

　　Cf 基因编码跨膜型糖蛋白(图 1-3),*Cf* 基因由 7 个结构域组成,从 N 端到 C 端分为以下几部分:A. 一个假设的使成熟产物分泌到胞外的信号肽;B. 富含半胱氨酸的功能不明的结构域;C. 胞外 LRR(leucine-rich repeat，富亮氨酸重复）；D. 没有明显特征的结构域；E. 富含酸性氨基酸的结构域；F. 假设的 TM（transmembrane domain，跨膜区）；G. 富含碱性氨基酸的结构域。

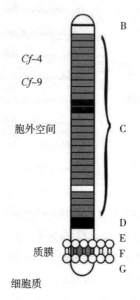

图 1-3   *Cf* 基因编码蛋白质结构示意图

Cf 基因蛋白质产物具有相似结构域，含有不同数目的 LRR，这类重复决定了不同的 *Cf* 基因识别不同的生理小种。例如，*Cf*-2 基因和 *Cf*-5 基因编码蛋白质具有 90% 的氨基酸一致率，但 *Cf*-2 基因编码 38 个 LRR，比 *Cf*-5 基因多了 6 个，*Cf*-2 基因和 *Cf*-5 基因在第 4~27 个和第 4~21 个 LRR 上的差异决定了它们的识别特异性。*Cf*-4 基因与 *Cf*-9 基因编码蛋白质的氨基酸一致率达到 91.5%，而 *Cf*-4 基因编码含有 25 个 LRR 的膜锚定胞外糖蛋白，*Cf*-9 基因编码蛋白质含有 29 个 LRR。其中，*Cf*-4 基因编码蛋白质功能所必需的是缺失 10 个氨基酸的 B 结构域，其 N 端第 11、12、14 个 LRR 可能决定了 *Cf*-4 基因编码蛋白质的识别特异性。*Cf*-9 基因编码蛋白质的 N 端 LRR 侧翼区域中保守的色氨酸（Trp）、半胱氨酸（Cys）残基和糖基化位点是其活性所必需的，第 10~18 个 LRR 可能决定了它的识别特异性。

作为与 *Cf* 基因相对应的叶霉菌无毒基因 *Avr*、*Avr*2、*Avr*4、*Avr*4*E*、*Avr*5、

Avr9、*Ecp*1、*Ecp2*、*Ecp4*、*Ecp5*、*Ecp6* 以及 *Ecp7* 也已克隆。*Avr* 基因编码的产物均为小分子量蛋白质,且均含有偶数个半胱氨酸以及信号肽。半胱氨酸可能形成二硫键,在 HR 诱导中发挥重要作用。信号肽将成熟产物分泌到细胞间隙,确保效应因子的 HR 诱导能力。叶霉菌的胞外蛋白 Ecp 不仅在致病性方面起重要作用,而且还能激发 HR 产生,因此也是激发子。值得关注的是,在毒性菌株中不同的无毒基因具有不同的存在方式,*Avr2* 基因的方式表现为截短,*Avr4* 基因缺失或形成点突变,*Avr4E* 基因体现为缺失或稳定的突变,*Avr9* 基因完全缺失,以上表明叶霉菌通过多种措施去战胜不同 *Cf* 基因的抗性。

Avr2 编码毒性因子,能够抑制半胱氨酸蛋白酶的活性,且仅在具有 *Cf-2* 基因的番茄中才可以被诱导,在致病过程中起到非常重要的毒性作用。*Avr2* 基因编码的成熟蛋白质具有 58 个氨基酸,含 20 个氨基酸的信号肽,以及 8 个半胱氨酸残基。*Avr4* 基因编码的成熟蛋白质具有 86 个氨基酸,同时具备几丁质结合活性的 Avr4 蛋白可以结合叶霉菌细胞壁上的几丁质,避免叶霉菌被几丁质酶酶解。研究人员发现沉默叶霉菌中 *Avr4* 基因会降低其毒性。且 Avr4 蛋白含有一个可能与其毒性相关的高亲和结合位点(high-affinity binding site, HAB)。Avr4E 蛋白是一个生理小种特异性的效应因子,可以被 Hcr9-4E 识别,可以通过表达缺失或氨基酸的改变来躲避识别。Avr5 蛋白包括 103 个氨基酸,含 18~22 个氨基酸的信号肽,以及 10 个半胱氨酸残基。*Avr9* 基因编码的成熟蛋白质具有 28 个氨基酸,含 6 个半胱氨酸残基,对 *Avr9* 蛋白的结构和活性极为重要。

1.1.3 番茄与叶霉菌的互作

番茄与叶霉菌的互作存在两种模式:亲和互作和非亲和互作。亲和互作发生于叶霉菌与感病基因型的番茄植株之间。在高温高湿的环境下,叶霉菌的分生孢子能够在番茄植株叶面上发芽,形成匍行菌丝并不断伸长,遇到气孔便由孔口进入并大量生长繁殖。待长满细胞间隙,从气孔中伸出,形成分生孢子梗及分生孢子。两周内便可完成整个发展史。非亲和互作在叶霉菌侵染的初期阶段,其孢子萌发、菌丝形成以及钻出气孔等过程的表现与亲和互作基本一致。但菌丝透过叶片后便停滞生长,番茄植株形成一系列的防御反应,发生 HR,激活一系列抗病信号,共同形成一个复杂的抗病网络。番茄对叶霉菌的抗性即为非亲和互作,指番茄的抗叶霉病基因 *Cf* 与其相对应的叶霉菌无毒基因 *Avr* 的互作,符合典型的 Flor 的基因对基因假说,示意可见图1-4。

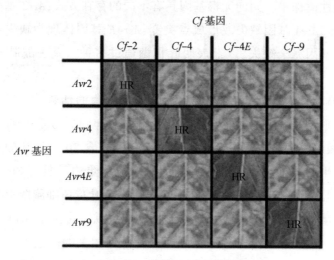

图1-4　番茄与叶霉菌的互作

Cf 蛋白识别 *Avr* 后,迅速启动下游防御信号的传导和相关抗病基因的表达,从而诱发番茄植株抗性,属于典型的效应因子诱发的免疫(effector-triggered immunity, ETI)。防御反应主要包括 HR 产生,蛋白磷酸化,ROS 大量积累,一系列 MAP(mitogen-activated protein)激酶和钙依赖性蛋白激酶激活,K^+ 离子通道、H^+ 离子通道和 Ca^{2+} 离子通道活化以及水杨酸的积累并出现细胞程序性死亡。如图1-5,Cf-4 蛋白识别 Avr4 蛋白后,与 Cf-4 蛋白胞内结构域相结合的磷脂酶 C(phospholipase C, PLC)发生活化,并在膜蛋白 PIP2(phosphatidylinositol disphosphate)的作用下,将信号传递至二酰甘油(diacylglycerol, DAG)和肌醇三磷酸(inositol triphosphate, IP3)。在二酰基甘油激酶 DGK(diacylglycerol kinase)的作用下,DAG 可以转变成磷脂酸(phosphatidic acid, PA),诱发 ROS 积累。同时,Ca^{2+} 也通过活化的 IP3 从液泡中释放出来,继续参与调控下游的抗病基因。在 *Cf-4/Avr4* 的抗病信号通路中,EDS1(enhanced disease susceptibility 1)和位于其下游的 NRC1(NBS-LRR protein required for HR-associated cell death-1)的作用也是不容小觑的。NCR1 可与 SGT1(suppressor of G2 allele of skp-1)、RAR1(required for Mla12 resistance-1)以及 Hsp90(heat shock protein 90)组成复合体,复合体与促分裂原活化的蛋白激酶(mitogen-activated protein kinase,MAPK)级联信号途径磷酸化转录因子 TF(transcription factor)和 ACS(1-aminocyclopropane-1-carboxylic acid synthase)互作,继而激活下游的各种防御反应,包括积累乙烯和 SA(水杨酸)、加固细胞壁、合成植保素、PR 相关基因的表达以及 HR 的产生,从而引发 Cf-4 介导的 ETI。Cf-9 与 Cf-4 介导的 ETI 略有不同,Cf-9 通过 HAB 识别 Avr9,迅速合成 ROS 并诱导下游钙依赖性蛋白激酶(calcium-dependent protein kinase,CDPK)磷酸化,进而通过 ACS 刺激乙烯的形成和积累。同时,Ca^{2+}、K^+ 以及 H^+ 的释放也会激活下游抗病信号的传导,进而诱发 ETI。

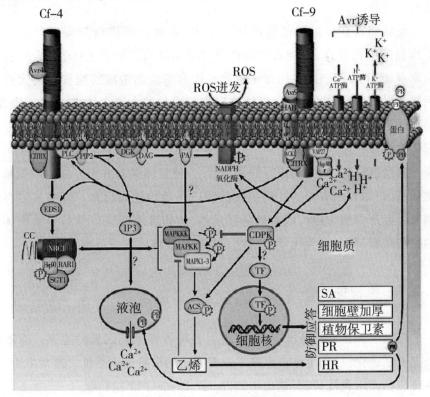

图 1-5　Cf 蛋白的信号传导途径

番茄的转录组测序结果表明,*Cf* 基因与 *Avr* 基因互作中的数百个基因发生了表达改变,其中包括 290 个在 *Cf-9/Avr9* 中诱导表达、442 个响应 *Avr4* 以及 367 个受 *Cf/Avr* 激活的蛋白质的相应基因。利用 VIGS(virus induced gene silencing)等方法研究发现,4 个 ACRE(Avr9/*Cf-9* rapidly elicited)基因 ACRE74、ACRE189、ACRE264 和 ACRE276 是 *Cf-4/Cf-9* 介导的防御反应的必需成员,其中,ACRE276 在 *Cf-9* 介导的防御反应中负向调控。SGT1、Hsp90、NRC1 等因子也均被大量诱导。综上所述,*Cf* 基因与 *Avr* 基因互作中的下游抗性信号传导是复杂又精细的综合性调控网络。

1.2 植物的抗性研究

植物病害是指植物在生物或非生物因子的影响下,发生一系列形态、生理和生化上的病理变化,阻碍了植株的正常生长、发育进程,从而影响经济效益的现象。

植物病害在全世界范围内均有发生,大面积的流行与爆发严重危害了作物的生长发育,影响着作物产量和果实品质。根据 FAO(联合国粮食及农业组织)的报道,平均每年世界范围有害生物造成的粮食损失大约达到粮食总产量的三分之一,而植物病害造成的粮食损失约占 10%。因此,必须采取合理的措施,有效阻止植物病害的发生,减少植物病害造成的损失。

防治植物病害发生、流行的最有效、方便且环保的方式为深入挖掘相关抗病基因,培育出有效的优良抗病品种以及栽培抗病材料。抗病基因在作物育种生产中的应用可以有效降低成本、防止环境污染以及减少植物体内的农药残留,尽量避免化学药剂对人类健康及环境造成危害。

1.2.1 植物免疫系统

植物生长在自然环境中,常常遭受各种各样不利因素的迫害。而随着长期不断进化,植物也逐步形成了一套完整的自身免疫系统。通常来讲,该系统包括两层免疫机制:基础防御(basal defense)和 ETI。

基础防御是植物的模式识别受体(pattern recognition receptor,PRR)能够识别病原菌相关分子模式(microbial/pathogen associated molecular pattern,MAMP/PAMP),诱发 MAMP/PAMP 触发的免疫(PAMP-triggered-immunity,PTI)。MAMP/PAMP 是所有致病菌与非致病菌赖以生存的保守结构分子,致病菌与非致病菌均可诱导植株发生基础抗性反应。基础防御指植物抵御病原物侵染的第一层防线,包括寄主抗性和非寄主抗性。寄主抗性指植物对特异病原菌的抗性,而非寄主抗性指植物对大多数病原菌的抗性。

ETI 是指植物通过自身的抗病基因(R 基因)的产物 NBS-LRR 来识别病原菌的效应因子,从而激活下游的防御反应,引起 ETI,又称 R 基因介导的抗性。如图 1-6 所示,病原菌将无毒基因 *Avr* 编码的效应因子释放到植物细胞后,植物 R 基因编码的抗性蛋白通过特异性识别病原菌的效应因子来抵抗侵染,仅在携带 *Avr* 的病原菌侵染含有 R 基因的植株时才会产生抗病反应,除此之外则表现为感病。

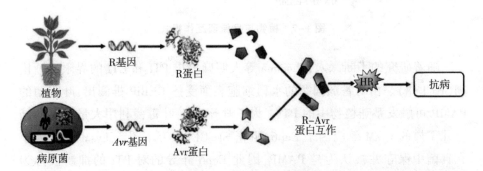

图 1-6 植物与病原菌互作及抗性的产生

Jones 等人对 PTI 和 ETI 进行研究(图 1-7),发现植物与病原微生物是共同进化的。在二者互作的第一阶段,植物中的 PRR 识别病原微生物的 MAMP/PAMP,从而诱发 PTI,阻止病原菌对植物的侵染;在第二阶段,病原菌顺利地避开 PTI,将效应因子释放到植物细胞中,此时,植物细胞没有识别这些效应因子的抗病蛋白,便产生了效应因子触发的感病反应(effector triggered susceptibility,ETS);第三阶段,通过不断进化,植物产生可以直接或间接识别这些效应因子的 NBS-LRR,诱发了 ETI;最后一个阶段,病原菌通过抑制或改变被植物识别的效应因子以及产生新的不被植物识别的效应因子,再次避免植物的免疫反应,重新侵染植物,产生 ETS。与此同时,植物的免疫系统也不断进化,新的抗病基因又能够重新识别病原菌的新的效应因子,再次触发 ETI。

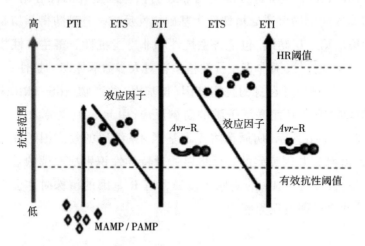

图 1-7　植物与病原菌互作模式

随着研究的不断深入,Thomma 等人明确提出 PTI 和 ETI 的界限逐渐模糊(图 1-8)。由与番茄同源的水稻细胞表面受体 CEBiP 推测出,叶霉菌的 PAMP 可触发番茄植物中的 PTI。为了避开 PTI,叶霉菌利用大量分泌的结合几丁质的 LysM 效应因子 Ecp6,阻止 Sl-CEBiP 的活化。LysM 效应因子在真菌中保守并被认为是 PAMP,因此 Ecp6 介导的对 PTI 的抑制被称为 PTS。随着不断进化,番茄能够识别 Ecp6 产生 HR,称为叶霉菌对 Ecp6 的抗性(Cf-Ecp6),再次诱发 PTI(PTI2)。

尽管 PTI 和 ETI 有很多相同的通路,但是 ETI 所介导的免疫应答比 PTI 更快、更持久且更稳定。也可以说 ETI 是更强的 PTI。ETI 常与 HR 和系统获得抗性(systemic acquired resistance, SAR)相关,而 PTI 常与基础免疫相关。PTI 主要产生于植物和非致病菌之间的互作,而 ETI 主要产生于植物对致病菌的应答。二者划分没有明显界限,主要取决于参与互作识别的激发子类型。

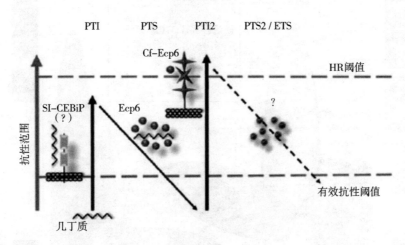

图 1-8　番茄与叶霉菌互作中几丁质信号进化的模式图

PTI 由 PRR 识别 PAMP 后诱发。PAMP 存在于病原菌表面并十分保守,多种 PAMP 已经被识别,例如脂多糖、几丁质、冷应激蛋白(CSP)、鞭毛蛋白、脂转移蛋白(LTP)以及木聚糖酶等。而已经证实 PRR 主要是受体类蛋白激酶(receptor-like protein kinases,RLPK),激活的 PRR 可以使细胞质激酶受体(receptor-like cytoplasmic kinases,RLCK)磷酸化,磷酸化的 RLCK 能够激活并促进下游的 MAPK 和 CDPK 表达,刺激 ROS 积累,激活 Ca^{2+} 离子通道,增强抗病相关基因的表达,促进蛋白质翻译和次生代谢产物产生等,最终诱发植物的抗病反应(图 1-9)。

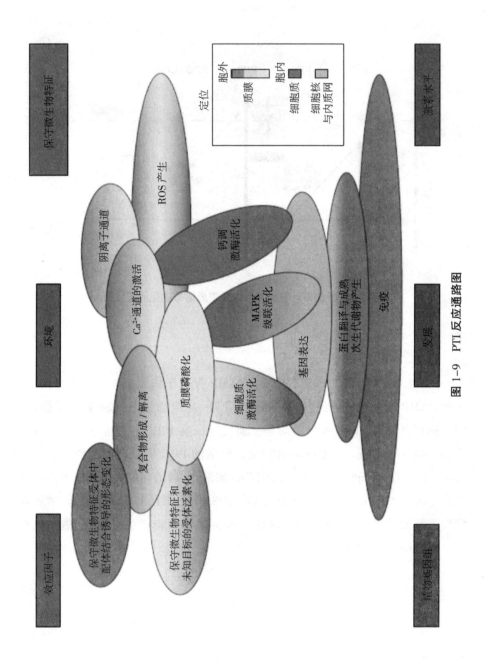

图 1-9 PTI 反应通路图

对于植物 ETI,其典型的特征为在病原菌侵染后植株迅速产生强烈的HR,将病原菌控制在坏死区域,阻止菌丝进一步生长与繁殖。病原菌中多种效应因子被挖掘,它们对病原菌的致病性十分关键。而植物通过 R 蛋白来识别这些效应因子。这些 R 蛋白对细菌、真菌、病毒和虫害都具有抗性。目前已经分离、克隆得到的抗病蛋白大部分都属于 NBS-LRR 类,例如,水稻的CC-NBS-LRR 蛋白能够与 Avr 直接互作,其 LRR 结构域可以直接识别稻瘟病菌(*Magnaporthe oryzae*)的效应因子 AvrPita,从而诱发 ETI。Pi-ta 蛋白 LRR结构域中单个氨基酸发生改变,会直接影响其与 Avr 的互作,致使植株感病。亚麻的 TIR-NBS-LRR 蛋白 L 和 M 也能直接与亚麻栅锈菌(*Melampsora lini*)的效应因子 AvrL567 和 AvrM 结合,从而诱发 ETI。L 蛋白的 LRR 结构域是识别效应因子的主要部位。

R 蛋白识别效应因子后,激活了下游一系列的免疫信号并诱发植株的抗病性(图 1-10)。SNC1(suppressor of npr1-1 constitutive 1)蛋白进入细胞核后,其 TIR 结构域能够与转录抑制因子 TPR1(topless related 1)结合,抑制DND1(defense no death 1)和 DND2(defense no death 2)这两种免疫负调控因子的转录,同时 SNC1 也可与转录因子 bHLH84 互作,激活抗病相关基因的转录。MLA10 蛋白进入细胞核后,其 N 端结构域可以与转录因子 WRKY1/2 互作,解除对 MYB6 的抑制,激活抗病反应。而 Pb1 蛋白与 WRKY45 转录因子结合后,可抑制 WRKY45 的降解,激活 SA 抗病信号通路。相关研究表明,*NDR*1(*non race specific disease resistance* 1)与 *EDS*1 是 R 蛋白介导的信号通路中的两个重要基因。NDR1 主要参与 CC-NBS-LRR 蛋白介导的抗病反应,对RIN4(RPM1-interacting protein 4)与 RPM1(resistance to *Pseudomonas syringae* pv. *Maculicola* 1)的互作起负调控作用,监控效应因子 AvrRpt2 以及调节RPM1 和 RPS2(resistance to *P. syringae* 2)的免疫反应。而 EDS1 主要参与TNL(TIR-NLR)类蛋白介导的抗病反应。抗病蛋白可与 EDS1、SRFR1(suppressor of rps4-RLD1)结合形成复合体,没有效应因子的情况下,EDS1 与SRFR1 结合后固定于内质网上不发挥作用;效应因子入侵后,效应因子与EDS1 结合并从 SRFR1 上释放,会进一步激活下游防御反应,诱发免疫应答。此外,EDS1-PAD4(phytoalexin deficient 4)可以调节 ROS 的信号传导以及通过蛋白激酶 MPK4(mitogen activated protein kinase 4)正向调控 SA 信号传导通路介导的抗病反应和负向调控乙烯/JA(茉莉酸)介导的抗病反应。EDS1 也能够与 SAG101(senescence associated gene 101)互作,诱导植物产生细胞程序性死亡来提高抗性。此外,R 蛋白的激活可以引起 SA 的积累,激活 SA 信号传导通路,激活 PR1 蛋白(pathogenesis related protein 1)并提高植物抗性。

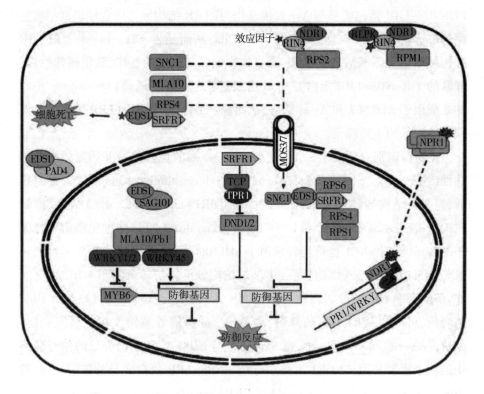

图 1-10 R 蛋白介导的信号传导通路

1.2.2　植物抗病分子机制

植物与病原菌互作的分子机制具体分为 3 种假说:基因对基因假说、防卫假说以及诱饵假说。

基因对基因假说于 1971 年由 Flor 根据对亚麻抗锈病基因的研究提出。该假说认为在植物与病原菌进化过程中,植物体内含有抗病基因,病原菌存在相应的致病基因,当病原菌侵染植株后,植物的抗病基因被激活并产生一系列防御反应。从植物与病原菌互作的遗传模式上看,病原菌与植物之间存在亲和互作与不亲和互作两种类型。亲和病原菌带有致病基因/毒性基因(Vir),对应的亲和植物带有感病基因(r);不亲和病原菌带有无毒基因(Avr),对应的不亲和植物带有抗病基因(R)。仅在带有 Avr 的病原菌与带有 R 基因的植株互作时,才发生抗病反应;否则植物表现感病。因此,植物的抗病反应又称作非亲和性反应,感病反应即为亲和性反应。这种遗传机制符合基因对基因假说,例如水稻 $Xa21$ 基因与病原菌的互作以及番茄 Cf 基因与叶霉菌的互作等等。

随着人们对植物与病原菌互作机制的深入研究,Van der Biezen 和 Jones 于 1998 年提出了防卫假说。有些效应因子进入植物细胞后,可与植物细胞中的靶蛋白结合并对其进行修饰,影响植物的代谢,提高病原菌的致病性。植物的 R 蛋白通过监视这些靶蛋白,识别出效应因子修饰过的靶蛋白,间接识别效应因子并诱发 ETI。此时,R 蛋白充当靶蛋白的"守护神",一旦靶蛋白遇到危险,R 蛋白便能立刻辨别并激活防御反应,如图 1-11(a)与(b)所示。例如水稻 Pi-33 基因能够特异性识别并依靠稻瘟病病原菌无毒基因 Ace1 的次级代谢产物检测病原菌的侵染。基于防卫模式,植物可以用较少的 R 蛋白去识别多个病原菌效应因子,提高植物的适应性。

诱饵假说是对防卫假说的改进与补充。研究发现,一些效应因子在植物中识别诱饵蛋白,诱饵蛋白与靶蛋白结构类似,但诱饵蛋白与效应因子结合后,并不能为病原菌所用,也没有为病原菌入侵带来便利。诱饵蛋白可以通过复制效应因子的靶基因得到,也可通过模仿效应因子的靶蛋白独立进化而来。它只介导 R 蛋白与效应因子的识别,对植物的抗性及病原菌的致病性没有用处,如图 1-11(c)所示。例如无毒蛋白 AvrPto 可以识别 FLS2 的激酶功能域诱发 PTI,也能识别激酶受体蛋白 Pto 诱发 PTI。Pto 不是真正的靶蛋白,而是 AvrPto 所识别的受体激酶蛋白的模仿者,也就是诱饵蛋白。经典的防卫假说和诱饵假说都认为当植物不存在 R 蛋白时,效应因子攻击靶蛋白有利于病原菌的侵染。

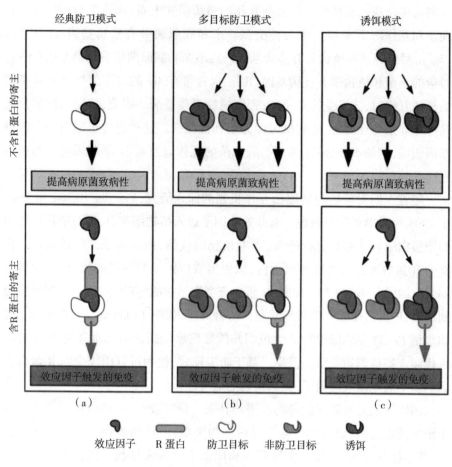

图 1-11　防卫假说与诱饵假说

1.2.3　植物抗病基因

植物抗病基因是研究植物与病原菌互作的关键,也是研究植物抗病机制的基础。抗病基因的克隆及其产物结构和功能的分析都是植物抗性研究中的重中之重。Johal 等人于 1992 年采用转座子标签法从玉米中克隆出抗圆斑病基因 *HM*1。研究人员于 1993 年采用图位克隆法(map-based cloning)从番茄中分离出抗病基因 *Pto*。随着分子生物学及生物信息学的不断发展,抗病基因的挖掘不断深入。据不完全统计,近年来从植物中得到的抗病基因多达上百个,且涉及多个植物物种,包括拟南芥、水稻、烟草、玉米、番茄和茄子等。对于抗病基因,目前常用的克隆方法是图位克隆法、转座子标签法、同源克隆(homologous cloning)以及关联分析(association analysis)等。常用的功能验证手段主要包括基因沉默(gene silencing)、基因敲除(gene knockout)、转基因技术(transgene technology)、基因过表达(gene overexpression)、插入突变(insertion mutation)以及基因定点诱变(site-directed mutagenesis,SDM)等。抗病基因的挖掘与克隆对于从分子水平上揭示植物的抗病机制以及信号传导通路起到关键作用,也为培育新的抗病品种奠定理论基础。

根据目前所发现的植物抗病基因所编码产物的结构特点将其进行分类,如图 1-12 所示,从左到右依次是:NBS-LRR 类、LRR-TM 类、STK 类、LRR-TM-STK 类以及 TM-CC 类。

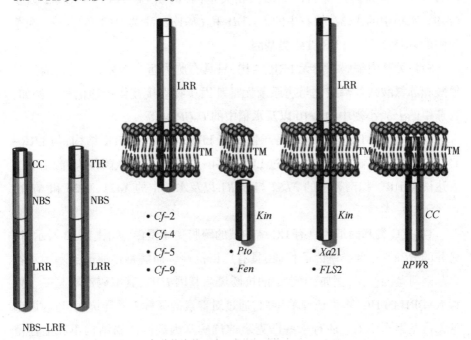

图 1-12　植物抗病基因编码产物的结构类型示例

NBS-LRR 类基因编码具有 NBS 和 LRR 的跨膜受体蛋白,已克隆的抗病基因大部分属于该类。其在 N 段 NBS 基序的前端通常还存在 TIR、CC 或 LZ

基序。例如,拟南芥中的 *RPP*1、亚麻中的 *L*6、烟草中的 *N* 以及茄子中的 *Sm7RGAl* 与 *Sm7RGA*2 属于 TIR-NBS-LRR;拟南芥中的 *RPS*2、番茄中的 *Prf* 以及水稻中的 *Pi-b* 属于 CC-NBS-LRR,CC-NBS-LRR 也是目前已知的植物抗病基因中最大的一类;水稻中的 *Xa*1 和大麦中的 *Mla*12 等均属于 LZ-NBS-LRR。还存在两端不带有其他结构域的类型,例如,大麦中的 *Mla*1 和小麦中的 *Sr*33、*Yr*10 等。除此之外,还存在 NBS 基序前端不明显结构域的基因,例如莴苣中的 *Dm*3 和辣椒中的 *Bs*2 等,以及 C 端 LRR 外带有 WRKY 结构域的基因,例如拟南芥中的 *RRS*1-*R*。

LRR-TM 类基因编码产物具有 3 个保守区域:LRR、TM 和胞内区域(无功能特征)。TM 将受体蛋白锚定在膜上,利用 LRR 结合激发子,传递信号到胞内其他信号传导蛋白上,以此来确定植物与病原菌的特异性识别。最典型的 LRR-TM 类基因便是番茄抗叶霉菌相关基因,例如 *Cf*-2、*Cf*-4、*Cf*-5 以及 *Cf*-9。水稻中的 *Xa*27、棉花中的 *GbaVd*1 和 *GbaVd*2、甜菜中的 *Hs*1*pro*-1 和苹果中的 *HcrVf*2 属于 LRR-TM 类基因。

STK 类基因编码一类无 LRR 结构,只具有胞内蛋白激酶的蛋白,通过丝氨酸和苏氨酸残基磷酸化与病原菌无毒基因产物直接互作传递信号。例如,番茄中的 *Pto*、小麦中的 *Lr*10 以及水稻中的 *OsCPK*4 等。

LRR-TM-STK 类基因编码产物具有 LRR、TM 以及 STK 结构,与 LRR-TM 相比多了 C 端的激酶区,通过 LRR 与 *Avr* 结合感应病原菌侵染,激活 STK 表达诱发 HR。拟南芥中的 *FLS*2 与 *BAK*1 以及水稻中的 *Xa*21、*Xa*26 和 *NRRB* 均属于这一类型。

TM-CC 类基因编码具有 CC 结构域的跨膜受体蛋白,如图 1-12 所示,拟南芥的 *RPW*8 是此类基因的代表,具有广谱抗性。而病毒还原酶类基因不符合基因对基因假说,例如,玉米中的抗圆斑病基因 *HM*1,其编码产物是一个依赖 NADPH 的 HC-毒素还原酶蛋白,通过对毒素的降解来诱导抗病,与病原菌的无毒基因不相关。还有一些已克隆的抗病基因编码产物结构不在上述范围内,例如水稻中的 *Xa*23 编码不具有其他抗病蛋白保守结构域的执行 R 蛋白,小麦中的 *Lr*34 是一个 ABC 转运蛋白家族的抗病基因,而大麦中的 *mlo* 是抗白粉病隐性基因,其编码产物是不具有其他 R 蛋白类似结构的膜蛋白,突变后具有广谱抗性,也不符合基因对基因假说。

1.3　高通量测序及分子标记在植物抗病研究中的应用

随着双螺旋结构的发现、遗传密码的破解以及第一个完整基因组图谱的绘制完成,测序技术在生物学研究中占据越来越重要的地位,也是研究基因组学的基础。高通量测序具有传统测序技术的准确性高的特点,还具有速度快、成本低以及通量高等优点,被称为下一代测序技术(next‐generation sequencing)。高通量测序可以对同一个物种的转录组和基因组进行深入细致的挖掘,因此又被称为深度测序(deep sequencing)。高通量测序被应用到科学研究的多个领域,例如转录组测序、全基因组测序、基因组重测序以及miRNA 测序等。高通量测序在分子育种、基因定位、作物性状选择、植物抗病研究等方面都有突出贡献。目前,我们常用的测序手段包括转录组测序和基因组水平测序。

分子标记技术是在 DNA 核苷酸序列差异的基础上,在 DNA 水平上体现种内、种间的多样性,具有操作简便、稳定性高和成本低等优点。在基因定位、遗传作图、图位克隆、转基因检测、基因组学功能研究和分子标记辅助育种等领域均有应用,同时在植物抗病基因挖掘中也发挥着重要作用。

1.3.1　转录组测序的应用

转录组测序是高通量测序的一种,可直接将细胞或组织中的 mRNA 反转录成 cDNA 并进行高通量测序,示例可见图 1-13。转录组测序的 read 数目可以直接反映一个测序样品中的基因表达水平。对不重复的试验样品需要进行数据的均一化、校正参数衡量基因的表达水平。对 read 数目与测序数据量进行校对后可得到 RPKM(reads per kilobase of exon model per million mapped reads)或 FPKM(fragments per kilobase of exon model per million mapped reads)。转录组测序灵敏度好,分辨率高且不需要预先了解物种的相关基因信息。若有参考转录组,可与参考基因组比对分析,得到序列在基因组上的位置分布,筛选差异基因,分析测序深度以及预测新基因和鉴定可变剪切;若无参考转录组,也可以充实该物种的遗传数据库。目前,转录组测序已经广泛应用于植物抗病研究等方面,且随着对植物与病原菌互作的转录组学的研究,很多抗病应答相关基因被挖掘鉴定,为研究植物抗病的分子机制及培育抗病新品种提供了理论依据。

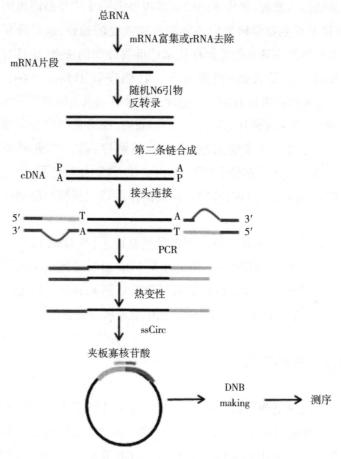

图 1-13 mRNA 文库构建示例

目前,转录组测序已应用在多种植物上,鉴定得到了大量抗病基因并对其作用机制进行了更深入的挖掘。例如,研究人员应用转录组测序对拟南芥与镰孢菌之间的抗性反应进行研究,得到了许多新的抗病基因。在稻瘟病菌与水稻互作的转录组测序中,研究人员发现有大量的 WRKY 转录因子参与水稻的抗病反应,且这些 WRKY 转录因子可以共同参与抗病过程。辣椒中的抗细菌黄单胞杆菌(*Xanthomonas vesicatoria*)基因 *Bs4C* 也是利用转录组测序分离得到的,其可以调控对效应蛋白 Avr Bs4 的识别。研究人员利用转录组测序分析了番茄与灰叶斑病菌互作的分子机制并筛选出了抗灰叶斑病的相关基因。同时,转录组测序在对番茄叶霉病的抗病机制研究中也起到关键作用。研究人员通过转录组测序并结合生物信息学克隆得到了 *Avr5* 基因。东北农业大学番茄研究所利用转录组测序研究了 *Cf-12*、*Cf-10*、*Cf-19* 和 *Cf-16* 与叶霉菌互作的作用机制。

1.3.2 基因组水平测序的应用

基因组水平测序的原理是将所测物种的基因组 DNA 用各种方法打断后拼接,随后进行高通量测序,主要包括全基因组测序和基因组重测序等。

全基因组测序是对没有参考基因组的物种进行的基因组测序,采用物理手段打断基因组 DNA 并通过回收不同长度的片段制备不同的文库,结合生物信息学软件对测序得到的 read 进行组装和拼接,从而得到该物种的全基因组图谱。多种重要农作物的全基因组测序也相继完成,包括黄瓜、玉米、小麦、大豆、马铃薯等。大量植物基因组序列的获得,为在基因组水平上进行基因组比较、物种进化、重要性状基因克隆、植物遗传改良等研究提供了重要的资源。番茄的全基因组测序也已完成,基因组大小约为 900 Mb,为研究肉质果实进化提供了新的思路。

基因组重测序则是关于有参考基因组的物种的个体或群体的差异性分析。采用物理手段打断基因组 DNA 并回收特定长度的片段制备文库进行测序,将测序数据与该物种或其近缘物种的参考基因组比对并发掘基因组变异,同时重测序也可以开发出大量 SNP(single nucleotide polymorphism),为遗传作图、基因定位和全基因组关联分析等研究提供标记基础。

例如对于水稻的研究中,研究人员对 1 000 份左右的水稻材料进行了重测序,利用 SNP 并结合产量及抽穗期等性状进行了全基因组关联分析,得到了 32 个与这些性状显著相关的位点。Abe 等人对由突变体和野生型水稻杂交得到的 F_2 代群体进行了高深度的重测序,筛选出了大量与叶片颜色和株高相关的突变位点。Lai 等人对 6 个我国重要的玉米材料进行了高深度的重测序,利用 100 多万的 SNP 和 3 万多 Indel 建立了高密度的遗传图谱,得到了大量与玉米性状相关的候选基因,为玉米新品种的选育提供了理论依据。Tian 等人利用重测序技术得到了大量的 SNP 位点,结合多年多点的重要性状观测值进行了全基因组关联分析,得到了控制玉米茎叶夹角的显著性位点,筛选了候选基因。Jiao 等人对近 300 份玉米材料进行了深度重测序,通过得到的大量 SNP 对玉米的人工选育进行研究并挖掘了此过程中玉米基因组的进化规律。而基因组重测序对番茄研究也十分重要。Lin 等人对 360 份番茄材料(333 份来源不同的红色番茄、10 份含有抗病基因的野生番茄及 17 份商业杂交种番茄)进行了重测序,揭示了不同地区番茄的起源与进化并得到了与番茄果皮颜色相关的显著性位点。Wang 等人利用基因组重测序对番茄抗黄化曲叶病毒基因进行了定位并为抗病机制研究奠定了理论基础。

1.3.3 分子标记的应用

分子标记技术主要有以下几种分类:

(1)以 Southern 杂交为核心的标记,典型的是 RFLP(restriction fragment length polymorphism),该技术利用基因型之间限制性片段长度的差异,这种差异是由限制性酶切位点上碱基的插入、缺失、重排或点突变所引起的。RFLP 对 DNA 质量要求颇高,工作量大且应用度不高。

(2)以 PCR(polymerase chain reaction)为基础的标记,主要包括 RAPD(random amplified polymorphic DNA)、SSR(simple sequence repeat)、SCAR(sequence characterized amplified region)、SPAR(single primer amplification reaction)和 STS(sequence tagged site)等,相对于之前的分子标记技术更为先进,操作简便,对 DNA 质量要求不高。

(3)以限制性酶切和 PCR 结合为基础的分子标记,如 AFLP(amplified fragment length polymorphism)和 CAPS(cleaved amplified polymorphism sequence),通过限制性内切酶对 DNA 片段进行酶切,选择特定的片段进行扩增并挖掘其多态性,或先进行 PCR 扩增,对得到的序列进行酶切以挖掘其多态性。

(4)以 mRNA 为基础的标记,例如 EST(expressed sequence tag)等。

（5）以单核苷酸多态性为核心的标记，例如 SNP 和小的 Indel。由于基因组水平上单碱基序列差异性十分丰富，SNP 具有覆盖密度大、多态性高和遗传稳定等优点，是目前应用最广、研究最深入的分子标记，在关联分析、分子辅助育种以及种群多样性分析中都起重要作用。

分子标记在植物抗病研究中的应用十分广泛。通过比对水稻中的抗稻瘟病基因 *Pi*2、*Pi*9 以及 *Piz-t* 得到的特异 SNP 并结合错配碱基，研究人员成功开发出了区分效果良好的 dCAPS（derived cleaved amplified polymorphic sequence）分子标记，为品种的抗性改良提供了重要依据。抗大豆花叶病毒 15 号生理小种基因的候选区间利用新开发的 SSR 缩短到 95 kb，并得到了 1 个概率极大的候选基因 *GmPEX*14。SNP 和特定位点的 Indel 结合构建的 KASP（kompetitive allele specific pcr）可对等位基因进行分型，在水稻品种多态性和小麦抗病性研究中发挥作用。

同时，分子标记在番茄抗病和遗传育种研究中的应用也十分广泛。利用番茄抗黄化曲叶病毒基因 *Ty-*1 的共显性 SNP 标记可以快速且有效地区分纯合抗病、杂合抗病及纯合感病基因型，提高了育种效率。利用 RAPD 标记成功从 800 多个随机引物中筛选出 1 个与番茄抗晚疫病基因 *Ph-*3 紧密连锁的标记并转化为 SCAR 标记。Ren 等人通过比较野生品种和栽培品种开发出了关于 *Ph-*3 的高特异性和稳定的共显性标记。番茄抗叶霉病基因 *Cf-*19 的共显性 SCAR 标记 P7 的开发表现出稳定的共分离特性以及灵敏的基因分型功能，可以用于分子标记辅助育种。

1.4 研究的内容与技术路线

1.4.1 研究内容

通过多年的温室及田间的抗性鉴定，含有抗叶霉病 *Cf-*16 基因的番茄材料 Ontario7816 对大部分叶霉菌生理小种抗性良好。但目前 *Cf-*16 基因尚未被定位及克隆，其结构和功能有待进一步挖掘。本书主要以番茄抗叶霉病 *Cf-*16 基因的定位及其抗病应答机制为研究方向，以下为主要研究内容：

（1）利用不同的叶霉菌生理小种侵染抗病材料 Ontario7816 和感病材料 Moneymaker，明确 *Cf*-16 基因的抗性范围。

（2）以 Ontario7816 为母本、Moneymaker 为父本，构建由 P_1、P_2、F_1、F_2、BC_1P_1 和 BC_1P_2 组成的 6 世代群体，明确 *Cf*-16 基因的遗传规律。

（3）用生理小种 1. 2. 3. 4 侵染 Ontario7816 和 Moneymaker，采取不同时间点的样本进行台盼蓝染色及相关生理指标的测定。

（4）采用父、母本重测序并结合抗、感池，初步定位 *Cf*-16 基因。

（5）采用 SSR 分子标记缩短候选区间，对 *Cf*-16 基因进行进一步定位。

（6）对接种生理小种 1. 2. 3. 4 的 Ontario7816 和 Moneymaker 进行转录组测序，筛选抗病反应中的差异表达基因并对其进行 qRT-PCR 验证。

1.4.2　技术路线

本书的技术路线如图 1-14 所示。

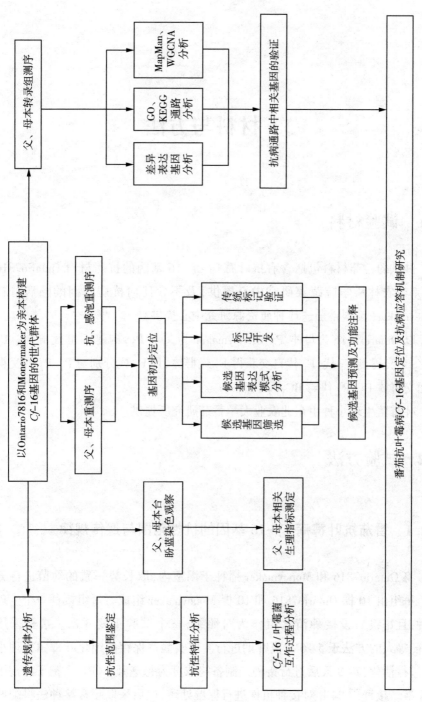

图1-14 技术路线

2 材料与方法

2.1 试验材料

供试的番茄材料包括含有抗叶霉病 *Cf*-16 基因的抗病材料 Ontario7816（北京市农林科学院蔬菜研究中心提供）及不含任何抗病基因的感病材料 Moneymaker（美国番茄遗传种质资源研究中心提供）。

以 Ontario7816 为母本 P_1、Moneymaker 为父本 P_2，构建 6 世代群体。P_1 与 P_2 杂交得到 F_1 代，F_1 代自交获得 F_2 代群体，且 F_1 代分别与 P_1、P_2 回交得到回交群体 BC_1P_1 代与 BC_1P_2 代。

叶霉菌生理小种由东北农业大学番茄研究所提供。

2.2 试验方法

2.2.1 番茄抗叶霉病 *Cf*-16 基因的抗性范围与遗传规律

将 Ontario7816 和 Moneymaker 播种于温室内，取长势一致的幼苗进行分组。每组由 10 棵 Ontario7816 和 10 棵 Moneymaker 组成。每组接种一个生理小种，且每组另设接种清水组作为对照组，整个试验重复 3 次。接种采用 Wang 等人的方法于 5~6 片真叶期进行。取实验室保存的纯化叶霉菌生理小种，进行活化，7~8 天后进行接种。制备终浓度为每毫升 1×10^7 个孢子的孢子悬浮液。接种前 24 h 对接种植株进行保湿处理，然后采取喷雾接种法将配好的孢子悬浮液均匀喷洒于番茄植株上,接种后继续保湿 24 h,将条件维持在 22~25 ℃、湿度 90% 以上。对 P_1、P_2、F_1 代、F_2 代及 BC_1P_2 代进行同样的人工接菌处理,方法同上。

于接种 15 天后调查发病情况,番茄叶霉病单株分级标准按病情严重程度分为 0~9 级,详见图 2-1、表 2-1。番茄叶霉病群体分级标准见表 2-2。

图 2-1 番茄叶霉病分级标准

表 2-1 番茄叶霉病单株分级标准

病情级别	调查标准
0	无症状
1	接种叶有直径 1 mm 的白斑或坏死斑
3	接种叶有直径 2~3 mm 黄化斑,叶背面有少量白色霉状物,无孢子形成
5	接种叶有直径 5~8 mm 黄化斑,叶背面有许多白色霉状物,且有孢子形成
7	接种叶有直径 5~8 mm 黄化斑,叶背面有黑色霉状物,产生大量孢子,上部叶片也有黑色霉状物,但无孢子
9	接种叶病斑上有大量孢子,上部叶片也有孢子形成

注:凡病情级别在 0~3 的为抗病单株,凡病情级别在 4~9 的为感病单株。

表 2-2　番茄叶霉病群体分级标准

抗性类型	病情指数
免疫（I）	不侵染,病情指数为 0
高抗（HR）	0 < 病情指数 ≤ 11
抗病（R）	11 < 病情指数 ≤ 22
中抗（MR）	22 < 病情指数 ≤ 33
中感（MS）	33 < 病情指数 ≤ 55
高感（HS）	病情指数 > 55

病情指数计算公式如下:

$$病情指数 = \frac{\sum (发病指数 \times 各级发病株数)}{最高发病级数 \times 接种总株数} \times 100$$

2.2.2　*Cf-16* 与叶霉菌互作过程观察及生理指标测定

2.2.2.1　台盼蓝染色观察

在叶霉菌侵染后的第 0~21 天,分别取 Ontario7816 和 Moneymaker 的叶片进行台盼蓝染色。将采取的叶片浸泡于 Farmer 溶液中 8~12 h,取出后放入 0.1% 台盼蓝溶液中并于 65 ℃ 水浴 5 h。水浴后将染好的叶片浸泡于饱和水合氯醛中 10~12 h,中间须更换一次饱和水合氯醛,以达到更好的洗脱效果。将处理好的叶片平铺在滴加 50% 甘油的载玻片上,盖好盖玻片,于显微镜上进行观察并拍照。

所需药品:

（1）Farmer 溶液,$V_{醋酸} : V_{乙醇} : V_{氯仿} = 1 : 6 : 3$。

（2）乳酚,$V_{苯酚} : V_{乳酸} : V_{甘油} : V_{蒸馏水} = 1 : 1 : 1 : 1$,并混合混匀。

（3）台盼蓝溶液,乳酚与乙醇的体积比为 1 : 2 的混合溶液中加入 0.1% 台盼蓝染料。

(4)水合氯醛饱和溶液,室温下于蒸馏水中溶解水合氯醛至有晶体析出。

2.2.2.2 SOD、POD、CAT 及 ROS 测定

分别于第 0 天、第 2 天、第 3 天、第 4 天、第 8 天、第 12 天、第 16 天及第 21 天采取 Ontario7816 和 Moneymaker 的对照组及接菌侵染处理组的叶片,无菌水清洗后,测定 SOD、POD、CAT 及 ROS 4 个生理指标,设置 3 次重复。

2.2.2.3 液相色谱-串联质谱法测定 SA 和 JA 含量

分别于第 0 天、第 2 天、第 3 天、第 4 天、第 8 天、第 12 天、第 16 天及第 21 天采取 Ontario7816 和 Moneymaker 的对照组及接菌侵染处理组的叶片,无菌水清洗后,采用液相色谱-质谱联用仪测定 SA 和 JA 含量,设置 3 次重复。

2.2.3 *Cf*-16 基因的定位分析

试验材料包括抗病母本 P_1——Ontario7816、感病父本 P_2——Moneymaker 以及 F_1 代和 F_2 代群体。接种采用 Wang 等人的方法于 5~6 片真叶期进行。取实验室保存的纯化叶霉菌生理小种,进行活化,7~8 天后进行接菌侵染。制备终浓度为每毫升 1×10^7 个孢子的孢子悬浮液。接菌侵染前 24 h 对接种植株进行保湿处理,然后采取喷雾接种法将配好的孢子悬浮液均匀喷洒于番茄植株上,接种后继续保湿 24 h,将条件维持在 22~25 ℃、湿度 90% 以上。鉴定方法同 2.2.1。分别采集 P_1、P_2、F_1 代的幼嫩叶片,用无菌水清洗干净,称取 1.5 g 左右,放至离心管中,液氮冷冻后备用。根据 726 株 F_2 代植株接菌后的表型鉴定结果,构建极端抗、感群体各 25 株,采集叶片并用液氮冷冻后备用。

2.2.3.1 样品 DNA 的提取

采用 CTAB 法分别提取 P_1,P_2 及 F_2 代抗、感池的 DNA,并逐一检测抗、感

池的 DNA 浓度,稀释到同一浓度且等量混合。

2.2.3.2　基因组 DNA 的重测序

将提取好的 P_1,P_2 及抗、感池的 DNA 进行基因组重测序。重测序流程如图 2-2 所示。BGISEQ 平台全基因组重测序构建的是 200~300 bp 小片段文库,上机测序。

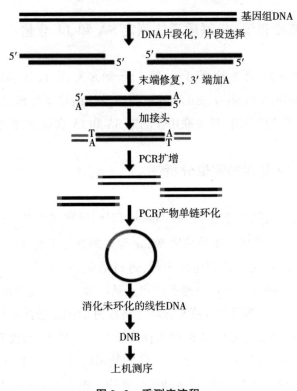

图 2-2　重测序流程

2.2.3.3　生物信息分析

生物信息分析的流程包括:(1)对原始数据的过滤;(2)将有效数据与参考基因组比对;(3)SNP 和 Indel 的检测和注释;(4)亲本和抗、感池的 SNP 关联分析;(5)确定候选区间,并对候选基因进行注释。

原始数据(raw data)过滤到有效数据(clean data)需要经过三步处理:

(1)过滤接头。测序 read 匹配上 adapter 序列的50%或者以上,则删除整条 read。

(2)过滤低质量数据。如果测序 read 中质量值低于 20 的碱基在整条 read 中达到或超过 50%,则删除整条 read。

(3)去 N。如果测序 read 中 N 含量在整条 read 中达到或超过 2%,则删除整条 read。本书采用过滤软件 SOAPnuke 完成此步分析。

本书采用 BWA 软件,将所有的 clean data 比对到参考基因组。比对的结果存储为 bam 格式文件,bam 格式文件需要进行后续处理,包括修复 mate-pair 信息,增加 read 组的信息,标记 PCR 产生的重复 read。经处理后的 bam 格式文件方可用于变异检测。测序 read 比对到参考基因组以后,统计参考基因组上不同染色体区域的覆盖度和碱基的测序深度分布,可以反映重测序数据的随机性。

应用 GATK 软件检测 SNP 和 Indel 并应用相应软件对其进行注释和统计。SNP 和 Indel 检测的过程如下:

(1)利用 Picard 的 Mark Duplicate 工具去除比对结果中的 duplication,从而避免 PCR-duplication 对后续变异检测结果的影响。

(2)使用 GATK 软件进行变异检测,得到初步的 SNP 和 Indel 结果。

(3)使用 GATK 软件和上一步得到的 Indel 结果进行 Indel realignment,即对存在插入缺失的比对结果附近的位点进行局部重新比对,校正插入缺失引起的比对结果错误。

(4)使用 GATK 软件再一次进行变异检测,主要包括 SNP 和 Indel。

(5)使用 GATK 软件对得到的变异结果进行过滤,选取可靠的变异结果。

2.2.3.4 亲本及抗、感池重测序的关联分析

我们以抗病母本 Ontario7816 的信息作为参考,计算抗、感池的 SNP-index 值。index 值定义为此标记位点中支持非参考基因型的 read 深度与此位点总 read 深度的比值。index 值的大小反映了该标记位点与参考亲本基因型

的差异程度；该标记位点的基因型与参考基因型相同，index 值记为 0；该标记位点与参考亲本基因型的差异程度越大，则 index 值越接近于 1。得到抗、感池的 index 值后，过滤掉在抗、感池中 index 都小于 0.3 的标记位点，然后将两个混池得到的 SNP-index 相减，得到 delta-index。以 2 Mb 长度为一个窗口，以 5 kb 的长度滑窗计算每 2 Mb 窗口两个混池的 index 平均值并作图，得到 index 在每条染色体上的分布图，确定候选区间。

2.2.3.5　SSR 分子标记

结合 ΔSNP-index 得到的候选区间，从 SGN 数据库中获得该区间内的 58 对 SSR 引物，利用 P_1、P_2、F_1 代及 303 株 F_2 代植株进行 SSR 分子标记，并根据 8%非变性聚丙烯酰胺凝胶电泳结果，通过 JoinMap4.0 软件绘制遗传连锁图谱，进一步缩小候选区间。引物详见附表 1。

2.2.4　*Cf*-16 与叶霉菌互作的转录组测序分析

基于台盼蓝染色的结果，分别于第 4 天和第 8 天采取抗、感材料的对照组和接菌侵染处理组的叶片，各设 3 次重复。为每一个接菌侵染处理组设置相应的清水对照组可以更好、更有效地排除生长发育相关的表达差异，为转录组测序筛选抗病相关基因提供基础。

Ontario7816 的对照组在第 4 天和第 8 天的采样分别记作 CK_Cf_A(3 次重复为 CK_Cf_A1、CK_Cf_A2、CK_Cf_A3)和 CK_Cf_B(3 次重复为 CK_Cf_B1、CK_Cf_B2、CK_Cf_B3)。Ontario7816 的接菌侵染处理组在第 4 天和第 8 天的采样分别记作 Cf_A(3 次重复为 Cf_A1、Cf_A2、Cf_A3)和 Cf_B(3 次重复为 Cf_B1、Cf_B2、Cf_B3)。

Moneymaker 的对照组在第 4 天和第 8 天的采样分别记作 CK_MM_A(3 次重复为 CK_MM_A1、CK_MM_A2、CK_MM_A3)和 CK_MM_B(3 次重复为 CK_MM_B1、CK_MM_B2、CK_MM_B3)。Moneymaker 的接菌侵染处理组在第 4 天和第 8 天的采样分别记作 MM_A(3 次重复为 MM_A1、MM_A2、MM_A3)和 MM_B(3 次重复为 MM_B1、MM_B2、MM_B3)。

2.2.4.1　样品 RNA 的提取

RNA 的提取采用植物 RNA 提取试剂盒进行,并将质检合格的 24 份 RNA 用于测序文库构建。

2.2.4.2　测序文库构建

测序文库构建的流程包括:

(1)用 mRNA 富集法或 rRNA 去除法对总 RNA 进行处理。

(2)把获得的 RNA 片段化,利用随机引物进行反转录,再合成双链 cDNA。

(3)把合成的双链 DNA 末端补平并 5′端磷酸化,3′端形成突出一个"A"的黏末端,再连接一个 3′端凸出"T"接头。

(4)连接产物通过特异引物进行 PCR 扩增。

(5)PCR 产物热变性成单链,再用一段桥式引物将单链 DNA 环化得到单链环状 DNA 文库。

(6)上机测序。

2.2.4.3　转录组测序的信息分析

转录组测序的信息分析流程见图 2-3。测序所得的原始数据称为 raw read。首先,我们对 raw read 进行过滤,过滤后的数据称为 clean read。然后将 clean read 比对到参考基因组上,之后进行转录本预测、SNP、Indel 和差异剪接基因检测。得到新转录本之后,我们将具有蛋白质编码潜力的新转录本添加到参考基因序列中构成一个完整的参考序列,然后计算基因表达水平。最后,对于多个样品,根据需求检测不同样品之间的差异表达基因,并对差异表达基因做深入的聚类分析和功能富集分析等。

数据过滤使用 SOAPnuke 软件进行统计,使用 Trimmomatic 软件进行过滤,具体步骤如下:

（1）去除包含接头的 read（接头污染）。

（2）去除未知碱基 N 含量大于 5% 的 read。

（3）去除低质量 read（我们定义质量值低于 10 的碱基占该 read 总碱基数的比例大于 20% 的 read 为低质量 read）。

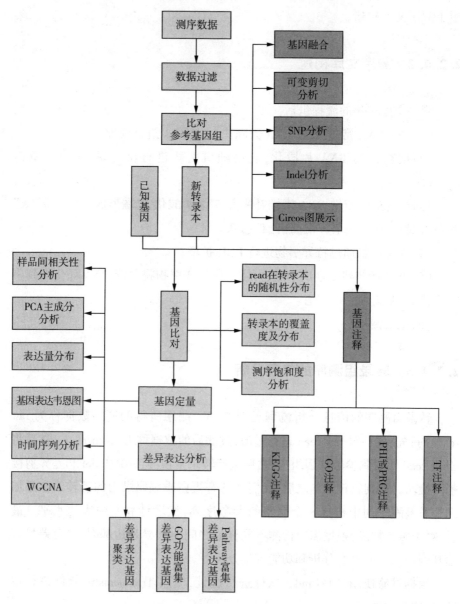

图 2-3　转录组测序的信息分析流程图

得到 clean read 之后,我们使用 HISAT 软件将 clean read 比对到参考基因组序列。参考基因组版本为 NCBI_GCF_000188115. 3_SL2. 50。HISAT 是一款用于转录组测序 read 比对参考基因组的软件,与其他类似软件相比,HISAT 具有速度快、灵敏度和准确度高、内存消耗低等优势。将质控后的 clean read 分别比对到参考基因组上,从而可以对样本中基因(转录本)的表达进行定量。同时整体分析,包括转录本的随机性、覆盖度、分布以及测序饱和度等。

本书使用 Bowtie2 软件将 clean read 比对到基因组序列上,然后使用 RSEM 计算各个样品的基因表达水平。RSEM 是用于转录组测序 read 计算基因以及转录本的亚型表达量的软件包。采用 FPKM 作为衡量转录本或基因表达水平的指标。

差异表达基因的分析采用 DEGseq 方法。DEGseq 方法基于泊松分布,测序可以被当成随机取样的过程,每一个 read 从样品中独立且均匀地取样。在这个假设下,来自基因(转录本)的 read 数目遵循二项分布(并且近似由泊松分布代替)。使用上述的统计模型,DEGseq 提出一个基于 MA-plot 的新方法,MA-plot 是广泛应用于芯片数据的统计分析工具,由 C_1 和 C_2 表示从两个样品获得的特定基因的 read 数目,符合 $C_i \sim binomial(n_i, p_i)$,$i = 1, 2$,其中 n_i 表示所有比对上的 read 总数,p_i 表示来自该基因的概率。DEGseq 定义 $M = \log_2 C_1 - \log_2 C_2$ 和 $A = (\log_2 C_1 + \log_2 C_2)/2$ 并证明在随机抽样假设下,给定 $A = a$(a 是 A 的观察值)的条件分布 M 遵循近似正态分布。对于 MA-plot 上的每个基因,进行假设检验。根据正态分布计算 P 值,并通过两种策略将 P 值矫正为 Q 值。为了提高差异表达基因的准确性,我们定义差异倍数为两倍以上并且 Q 值≤0. 001 的基因为显著差异表达基因。对于多个比较组的差异表达基因,本书结合韦恩图展示基因在不同比较组间的情况。

之后,将所得的差异表达基因比对到 KEGG(kyoto encyclopedia genes and genomes)数据库和 GO(gene ontology)数据库中。根据 GO 和 KEGG 注释结果以及官方分类,我们将差异基因进行功能与生物通路分类,同时使用 R 软件中的 phyper 函数进行富集分析。然后对 P 值进行 FDR(false discovery rate)校正,通常 Q 值≤0. 01 的功能视为显著富集。同时采用 MapMan 软件对代谢和调控途径进行可视化分析,并利用 WGCNA 软件包进行基因共表达网络分析,

WGCNA 根据基因表达的动态变化,计算基因间的共表达关系,寻找物种在不同发育阶段或在不同条件下的基因表达调控网络模型以及关键基因,从而在系统层面研究生物体。

2.2.4.4　相关基因的 qRT-PCR 验证

为了证明转录组测序结果的可靠性,本书筛选了 16 个抗病相关基因进行了 qRT‒PCR 验证,主要涉及植物与病原菌互作通路(plant‒pathogen interaction)、植物激素信号传导(plant hormone signal transduction)以及代谢通路(metabolic pathways)。qRT-PCR 引物可见表 2‒3。*EFα*1 基因作为内参基因。基因的表达量分析采用 $2^{-\Delta\Delta CT}$ 方法。

反应体系共 20 μL,由 5 部分构成:

cDNA 模板	1 μL
primer-F	1 μL
primer-R	1 μL
Master Mix	10 μL
RNase-Free Water	7 μL
	20 μL

qRT-PCR 反应程序包括三步:

95 ℃, 7 min

95 ℃, 10 s ⎫
58 ℃, 30 s ⎬ 40 个循环
72 ℃, 20 s ⎭

95 ℃, 10 s ⎫
60 ℃, 10 s ⎬ 71 个循环
95 ℃, 10 s ⎭

表 2-3 qRT-PCR 引物

基因 ID	上游引物	下游引物
544131	TGAGGTCGTTGGGACAGAAC	ATCACATGACGAAGCTCAGCA
101256817	TTGAATTCGGATCCGGCACA	AACCCGCCGTAAAGTGATGT
544313	CATTTCCCAACCGCCACATC	TGCTTCCTTCGGCATGGATT
191249794	CGGCGTTGATAGATTCCGGT	TCCATGTGAACAGCACGTCA
101265426	GTTGACGAAAGGGTTGACGC	GATACGCGGGGTTCTTGGAA
101261835	CTAGGGCAGTCCTTTGTCGG	AAACGCGATGTCCATCCCAA
101249721	CGCGGTGATAATGGATGGGA	TTCCGCTTTAGGACGGAACC
101247936	TGGAATGAAGGCTGAGTCGG	ACTCGGAACCACCAAATCGG
100736444	ACAGGGGTGTTTGGCTACAA	AATGGGAACGCCGTGAAAAC
778212	GGGTCCACTCAGAGATGCAA	CACTCACTGGGGGAAAGCAA
10126313	TTCGGCGAATGGGATGTCAA	GGTGGTGAGTCTACCTTGCC
101244012	GGTGTTGGCGCATATCGAAC	GTGCCCGACAAACACTGAAC
101259487	GCAACAGCATCACAAGACGG	GATGGCCGGGTAACTTCTCC
101253982	CGACACTGTTGTCAGCAAGC	GTAGGTTCACGAGGACGAGC
101245668	CACAAGGGGTGGCCTTGTTA	AAGGCCTCGAGGGAACCTAT
101258071	CCCATCAGTCACCTACTGGC	TGCTGACTACCGTTAAGGCG
*EF*α1	CCACCAATCTTGTACACATCC	AGACCACCAAGTACTACTGCAC

3 结果与分析

3.1 *Cf*-16 基因的抗性范围鉴定

含有 *Cf*-16 基因的番茄抗叶霉病材料 Ontario7816 与叶霉菌之间的互作形成抗病反应,即为非亲和互作。而感病材料 Moneymaker 与叶霉菌之间的互作形成感病反应,即亲和互作。结合相关调查结果,得到 *Cf*-16 基因对不同叶霉菌生理小种的抗性鉴定结果(表 3-1)。表中生理小种 1.2.3.4.5 和 1.2.3.4.9 属于通过 2016—2018 年田间接种鉴定确定的新增的 *Cf*-16 的抗性范围。结果表明:Ontario7816 对目前东北地区叶霉菌分化出的全部生理小种均表现为抗病,能够应用于当前的抗病育种工作。

表 3-1 *Cf*-16 基因对不同叶霉菌生理小种的抗性鉴定

生理小种	Moneymaker(*Cf*-0)		Ontario7816(*Cf*-16)	
	病情指数	抗性	病情指数	抗性
1.2	65.4	HS	24.2	R
1.2.3	50.1	S	17.6	R
1.2.3.4	55.5	HS	20.4	R
1.2.4	76.1	HS	18.5	R
1.3.4	58.4	HS	9.8	R
2.3	70.7	HS	34.5	R
1.3	59.9	HS	16.4	R
1.4	54.2	HS	19.9	R

续表

生理小种	Moneymaker(Cf-0)		Ontario7816(Cf-16)	
	病情指数	抗性	病情指数	抗性
1.2.3.4.5	57.3	HS	22.6	R
1.2.3.4.9	61.9	HS	18.9	R

3.2　*Cf*-16 基因的遗传规律

调查结果如表 3-2 所示,所有 P_1 及 F_1 代均表现为抗病,所有 P_2 均表现为感病,726 株 F_2 代单代群体株中,551 株表现为抗病,175 株表现为感病,实际分离比为 3.149∶1,BC_1P_2 代群体中,55 株表现为抗病,51 株表现为感病,实际分离比为 1.078∶1。根据 χ^2 测验结果,F_2 代群体与 BC_1P_2 群体的抗、感比分别符合孟德尔 3∶1、1∶1 的分离规律,表明 *Cf*-16 基因对叶霉菌的抗性是由单基因控制的显性遗传。

表 3-2　*Cf*-16 基因的抗性遗传分析

世代	植株总数	抗病植株数量	感病植株数量	抗感分离比	χ^2
P_1(Ontario7816)	46	46	0	—	—
P_2(Moneymaker)	42	0	42	—	—
F_1	26	26	0	—	—
F_2	726	551	175	3.149∶1	0.264 5
BC_1P_2	106	55	51	1.078∶1	0.084 9

注:$\chi^2_{0.05,1}$ = 3.84。

3.3　*Cf*-16 基因与叶霉菌的互作过程

图 3-1 为含抗叶霉病 *Cf*-16 基因的番茄材料 Ontario7816 和感病材料 Moneymaker 分别与叶霉菌互作过程的台盼蓝染色观察结果。如图 3-1(a)和

(g)所示,Ontario7816 与 Moneymaker 在第 0 天的表现没有区别,台盼蓝染色的结果一致,仅能看见叶脉及部分染料残留。Moneymaker 表现为:在侵染后的第 2 天,分生孢子开始萌发,可见图 3-1(b)。在第 4 天观察到菌丝开始生长进入气孔,见图 3-1(c)。在叶霉菌侵染后的第 8 天,叶片中观察到菌丝从气孔中伸出,可见图 3-1(d)。在第 10 天,菌丝不断生长且数量逐渐增多,在接种后第 10 天到第 21 天,被感染的细胞逐渐出现坏死现象,可见图 3-1(e)和(f)。Ontario7816 表现则与 Moneymaker 不同:如图 3-1(h)所示,Ontario7816 在第 8 天开始出现一些小块的过敏性坏死。这些过敏性坏死在第 10 天时逐渐扩大,可见图 3-1(i)。在接下来的第 12 天到第 21 天,这些坏死斑在有限的范围内有所扩大,并且会出现在叶脉上,可见图 3-1(j)和(k)。

　　显而易见,抗叶霉病的番茄材料 Ontario7816 在叶霉菌侵染后表现出强烈的 HR,而感病材料 Moneymaker 则体现为菌丝持续生长与繁殖。同时,在台盼蓝染色观察的基础上,我们确定了在第 4 天和第 8 天这两个重要的时间节点进行转录组测序分析。

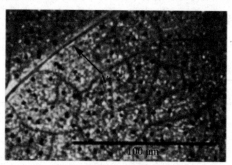

（a）Moneymaker 侵染第 0 天

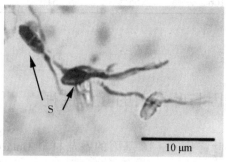

（b）Moneymaker 侵染第 2 天

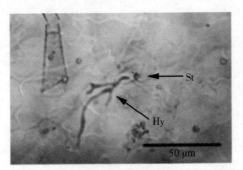

（c）Moneymaker 侵染第 4 天

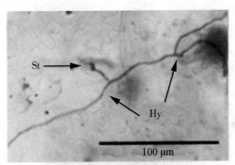

（d）Moneymaker 侵染第 8 天

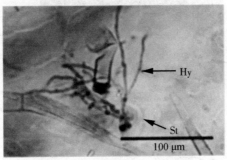

（e）Moneymaker 侵染第 10 天

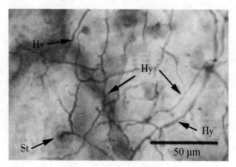

（f）Moneymaker 侵染第 21 天

（g）Ontario7816 侵染第 0 天

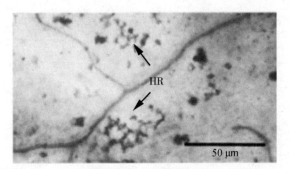

（h）Ontario7816 侵染第 8 天

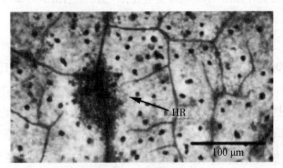

（i）Ontario7816 侵染第 10 天

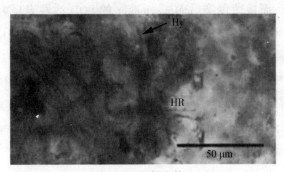

（j）Ontario7816 侵染第 12 天

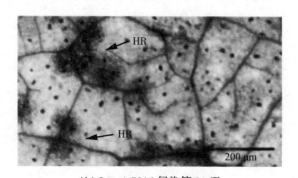

（k）Ontario7816 侵染第 21 天

图 3-1 番茄叶片接种叶霉菌后的台盼蓝染色观察

注：Vt 为叶脉；S 为孢子；St 为气孔；Hy 为菌丝；HR 为过敏反应。

3.4 *Cf*-16 基因与叶霉菌互作的生理指标测定

图 3-2 为抗病材料 Ontario7816 与感病材料 Moneymaker 的接菌侵染处理与清水对照在第 0 天、第 2 天、第 3 天、第 4 天、第 8 天、第 12 天、第 16 天和第 21 天的 3 种保护酶活性及 ROS 含量的变化。Ontario7816 和 Moneymaker 的 SOD 活性在叶霉菌侵染后都有所升高，但趋势不同。接菌侵染后 Ontario7816 的 SOD 活性在接菌后迅速升高并在第 4 天达到峰值，之后平稳下降，在第 16 天又有所升高。而接菌侵染后 Moneymaker 的 SOD 活性表现为缓慢上升，整体幅度较小。POD 在接菌侵染后的 Ontario7816 中变化显著，在第 0~12 天期间不断升高并达到峰值。CAT 活性在接菌侵染后的 Ontario7816 和 Moneymaker 中变化趋势基本一致，在第 0~16 天期间，Ontario7816 的 CAT 活性更强。抗病材料 Ontario7816 在叶霉菌侵染早期的 ROS 含量始终保持最高，且在第 8 天达到峰值，这可能与 HR 的出现有关。而 Moneymaker 的 ROS 含量在叶霉菌侵染后期显著上升。

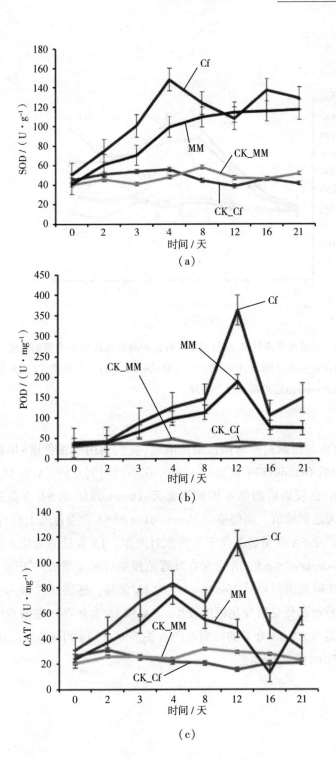

(a)

(b)

(c)

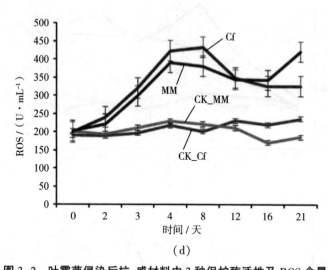

（d）

图 3-2　叶霉菌侵染后抗、感材料中 3 种保护酶活性及 ROS 含量的变化

注：CK_Cf、CK_MM 分别为 Ontario7816 与 Moneymaker 的清水对照，Cf、MM 分别为 Ontario7816 与 Moneymaker 叶霉菌侵染处理。

　　为了研究内源激素对叶霉菌侵染的响应，我们利用液相色谱-串联质谱法测定了侵染后 Ontario7816 和 Moneymaker 在不同时间点的 SA 和 JA 含量。如图 3-3 所示，在侵染后的第 4 天到第 8 天，Ontario7816 的 SA 含量迅速升高，并于第 8 天达到峰值。而侵染后 Moneymaker 的 SA 含量逐渐上升，且在侵染后的第 0~3 天，SA 含量显著高于其清水对照组。JA 含量的变化在侵染前期尤为明显。Ontario7816 的 JA 含量在叶霉菌侵染后迅速增高并于第 3 天达到峰值，且高于叶霉菌侵染后 Moneymaker 的 JA 含量。感病材料 Moneymaker 的 JA 含量在叶霉菌侵染后变化幅度较小。SA 和 JA 含量在叶霉菌侵染前期迅速上升，可能与 SA、JA 介导的抗病通路有关。SA 和 JA 可能在 *Cf*-16 与叶霉菌的互作中扮演重要的角色。

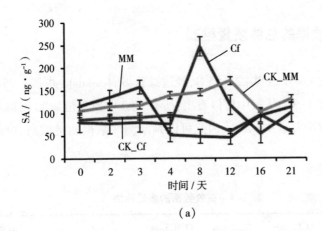

（a）

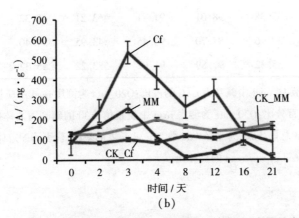

（b）

图 3-3　叶霉菌侵染后抗、感材料中 SA 和 JA 含量的变化

注：CK_Cf、CK_MM 分别为 Ontario7816 与 Moneymaker 的清水对照，Cf、MM 分别为 Ontario7816 与 Moneymaker 叶霉菌侵染处理。

3.5 *Cf*-16 基因的定位分析

3.5.1 测序数据的总体质量控制

测序下机的 raw data 共 223.85 G,经过滤获得 clean data 共 208.96 G。数据统计结果见表 3-3。从表中可以看出,所有 read 中质量值≥20 的碱基占总 read 长度的比例均大于 97.70%,因此可以判断测序数据质量值高,可用于后续信息分析。

表 3-3　有效数据的质量评估

样品	GC_rate / %	Q20_rate / %	Q30_rate / %	read / M	base / Gb	有效数据比例/%
R_F$_2$(抗病池)	36.28	98.34	92.85	529.25	52.93	94.27
S_F$_2$(感病池)	35.38	98.01	91.71	463.21	46.32	92.96
Ontario7816(P$_1$)	36.16	97.70	90.45	543.95	54.40	92.72
Moneymaker(P$_2$)	35.32	97.89	91.02	553.22	55.32	93.45

注:GC_rate 为测序 read 中碱基为 G、C 的占比;Q20_rate 为测序 read 中质量值≥20 的碱基占总体碱基的百分比;Q30_rate 为测序 read 中质量值≥30 的碱基占总体碱基的百分比;read 为测序 read 总量;base 为测序 read 数与 read 长度的乘积,代表测序总体碱基;有效数据比例为 clean read 占 raw read 的百分比。

3.5.2 clean data 与参考基因组的比对

将所有的 clean data 比对到参考基因组上(NCBI_GCF_000188115.3_SL2.50)。其中,基因组大小是 823 786 402 bp,有效基因组大小为 737 791 809 bp(参考序列中不含 N),参考基因组 GC 含量为 30.50%。所有的样本的比对率均介于 97.63% 和 99.83% 之间,而有效测序深度则在 56.23×

和 67.16× 之间浮动。具体比对结果见表 3-4。

表 3-4 比对结果统计表

样品	coverage_rate /%	map_read_rate /%	map_base_rate /%	effective_depth
R_F$_2$(抗病池)	89.48	97.63	97.63	64.25
S_F$_2$(感病池)	89.47	99.75	99.75	56.23
Ontario7816(P$_1$)	89.04	99.43	99.43	66.03
Moneymaker(P$_2$)	89.29	99.83	99.83	67.16

注:coverage_rate 为覆盖度,指测序获得序列占整个基因组的比例;map_read_rate 为 read 比对率,比对到参考基因组的 read 数除以 clean data 的 read 数,如果测序样本存在污染或者与参考基因组差异较大,比对率偏低会影响后续的信息分析;map_base_rate 为碱基比对率,比对到参考基因组的碱基数除以 clean data 的碱基数;effective_depth 为有效测序深度,比对到参考基因组的碱基数除以有效基因组的大小(参考序列中不含 N)。

3.5.3 测序深度分布统计

测序 read 比对到参考基因组之后,统计参考基因组上不同染色体区域的覆盖度和碱基的测序深度分布,可以反映重测序数据的随机性。结果表明:参考基因组被均匀覆盖,随机性良好。基于比对结果,我们绘制了 read 在参考基因组上的测序深度分布图(图 3-4)和累积测序深度分布图(图 3-5)。可见 88.93% 以上的碱基测序深度达到 4×,88.77% 以上的碱基测序深度达到 10×,88.32% 以上的碱基测序深度达到 20×。以上测序 read 的深度分布可用于指导后续参数的设置,例如检测 SNP 时至少需要多少 read 的支持。由图 3-6 可知,亲本和抗、感池的插入片段分布均符合正态分布,说明可以进行后续数据分析。

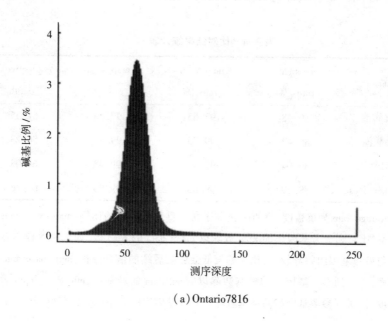

（a）Ontario7816

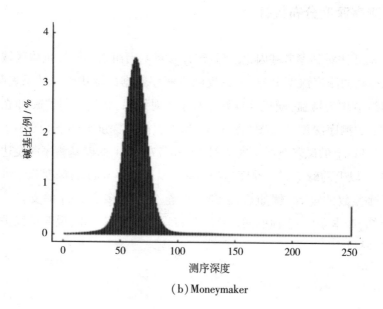

（b）Moneymaker

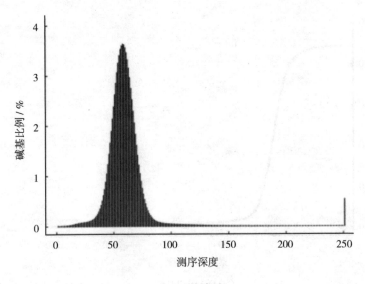

（c）抗病池

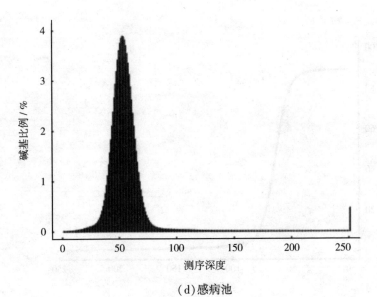

（d）感病池

图3-4 测序深度分布图

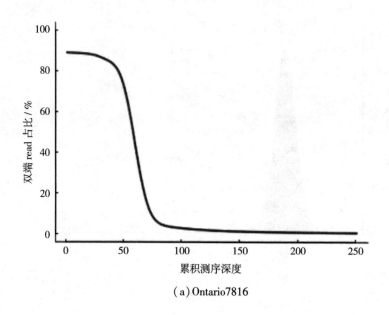

（a）Ontario7816

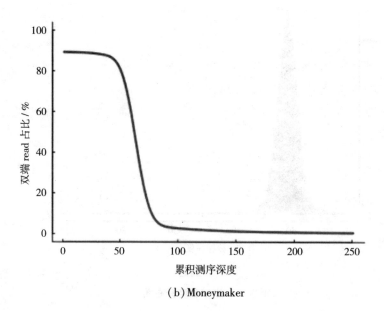

（b）Moneymaker

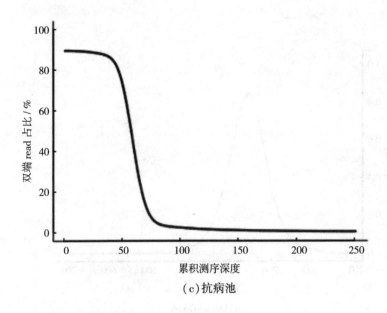

（c）抗病池

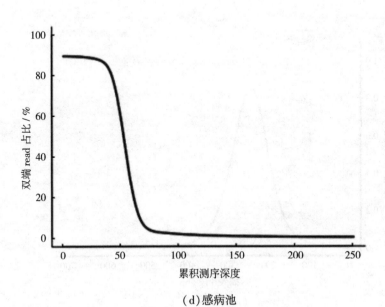

（d）感病池

图 3-5 累积测序深度分布图

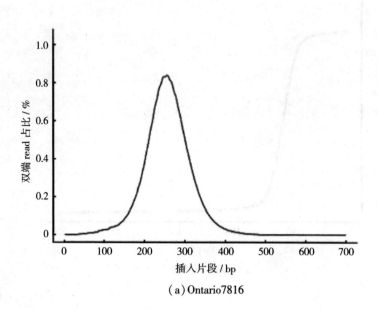

（a）Ontario7816

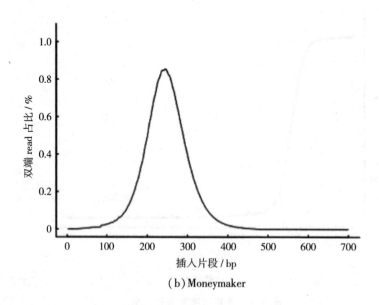

（b）Moneymaker

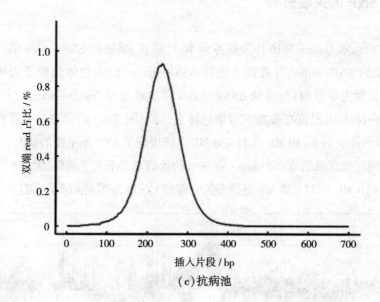

（c）抗病池

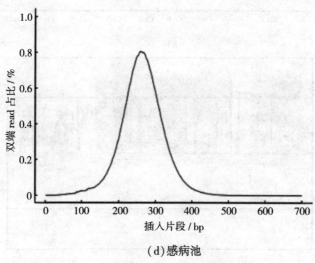

（d）感病池

图 3-6   插入片段分布图

3.5.4　SNP 的关联分析

以抗病亲本 Ontario7816 作为参考亲本,计算抗、感池的 SNP-index 值。根据抗、感池的 SNP-index,计算两个池的 ΔSNP-index,以染色体的位置为横坐标,2 Mb 长度为单位窗口,绘制 ΔSNP-index 图。经过对 ΔSNP-index 的分析,我们将 *Cf*-16 基因定位在番茄 6 号染色体上,可见图 3-7(a)。进一步观察发现,6 号染色体上的 1~10 Mb 及 11~38 Mb 之间出现了 SNP 不平衡的状况,见图 3-7(b),同时此区域的 ΔSNP-index 在 99% 的置信水平下大于阈值,因此 6 号染色体的 1~10 Mb 及 11~38 Mb 是番茄抗叶霉病 *Cf*-16 基因的初步定位区间。

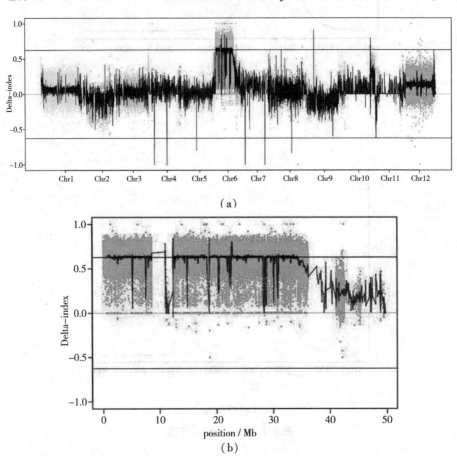

图 3-7　ΔSNP-index 在染色体上的分布

3.5.5 SSR 标记的连锁分析

为了进一步定位 *Cf*-16 基因,我们利用位于番茄 6 号染色体定位区间内的 58 对 SSR 引物对亲本 Ontario7816、Moneymaker 及 F₁ 代进行多态性筛选,最终得到 5 对多态性引物,分别为 TGS447、TES312、TES1743、TGS266 和 TGS862(图 3-8)。

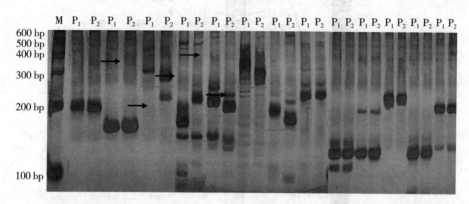

图 3-8　SSR 引物筛选

利用筛选得到的 5 对多态性引物,对 303 株 F₂ 代植株进行 SSR 分子标记分析。根据 F₂ 代单株的表型和标记类型,利用 JoinMap4.0 软件对这 5 个标记进行连锁关系作图,可见图 3-9。与 *Cf*-16 基因连锁最紧密的标记为 TGS447 和 TES312,遗传距离均为 1.3 cM,这两个标记在 6 号染色体上的位置分别为 25.21 Mb 和 28.84 Mb,这一区间即为 *Cf*-16 基因的候选区间,该段候选区间的物理距离为 3.63 Mb。该区间内亲本之间存在非同义突变 SNP 为 139 个,该候选区间内基因为 71 个。

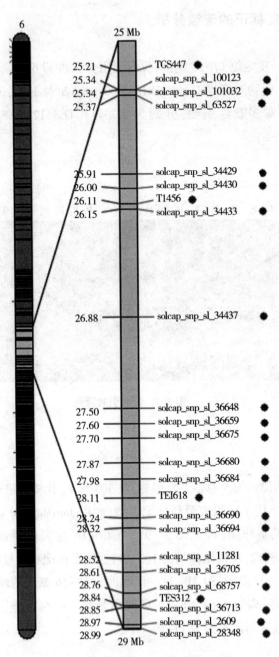

（a）番茄 6 号染色体遗传图谱

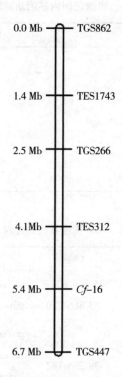

0.0 Mb — TGS862

1.4 Mb — TES1743

2.5 Mb — TGS266

4.1Mb — TES312

5.4 Mb — *Cf*-16

6.7 Mb — TGS447

(b)分子标注记连锁图

图 3-9 番茄抗叶霉病 *Cf*-16 基因在染色体上的连锁图

3.5.6 候选区间内基因的功能注释

对候选区间内的 71 个基因进行 NR、Swiss-prot、KEGG、COG 和 GO 等多个数据库的功能注释和结构分析，NR、Swiss-prot、KEGG 详细注释结果见附表 5。根据已克隆的番茄抗叶霉病 *Cf* 基因编码的典型结构特征 LRR-TM，最终得到了 2 个可能与已克隆的 *Cf* 基因结构相似的基因，分别为 XM_004240667.3 和 XM_010323727.1(表 3-6)。

表 3-5　候选区间内基因功能注释统计

基因注释数据库	注释基因比例
NR	100.00%
NT	50.70%
Swiss-prot	63.38%
KEGG	85.92%
COG	77.46%
GO	56.34%

表 3-6　候选基因的注释信息

基因 ID	染色体	位置	注释
XM_004240667.3	NC_015443.2	25 865 620~ 25 866 720	probable LRR receptor - like serine/ threonine-protein kinase At1g51880
XM_010323727.1	NC_015443.2	28 295 396~ 28 296 787	probable LRR receptor - like serine/ threonine - protein kinase RFK1 isoform X1

3.6　*Cf-16* 基因与叶霉菌互作的转录组测序分析

3.6.1　转录组测序数据的质量分析

　　为了得到 *Cf-16* 基因与叶霉菌互作的转录组信息,我们利用转录组测序对 Ontario7816 和 Moneymaker 的侵染第 4 天和第 8 天的叶片样本进行测序分析,每个处理的每个时间点进行 3 次生物学重复。使用 BGISEQ 平台一共检测 24 个样品,测序所得的 raw read 组成可见附图 1。经过数据过滤,共得到 164.85 Gb 的 clean data,每个样品平均产出 6.87 Gb 数据,且每个样品的 Q30 碱基百分比均不小于 91.78%,具体测序样本的测序数据质量情况可见表

3-7,整体来看,24 份样本都具有较好的测序质量,完全符合后续的数据分析需求。同时,24 个样本的转录组测序所得到的 raw read 全部提交到 NCBI 的 Sequence Read Archive 数据库,登录号为 GSE133678。

3.6.2　clean data 与参考基因组的比对

利用 HISAT 软件对 24 个样品的 clean read 与番茄参考基因组进行比对,具体比对结果见表3-8,所有样本的 clean read 的总比对率均在93.29%之上,样品比对基因组的平均比对率为 94.91%,平均单一位点比对率为 80.21%。结果统计表明,共检测到表达的基因数为 25 907,其中已知的基因为 23 909 个,预测的新基因为 1 998 个,共检测出 18 514 个新转录本,其中 12 790 个属于已知蛋白质编码基因的新的可变剪接亚型,2 047 个属于新的蛋白质编码基因的转录本,剩下的 3 677 个属于长链非编码 RNA。

表 3-7　RNA-Seq 的数据质量

样品	总 raw read/Mb	总 clean read/Mb	总 clean base/Gb	Q20/%	Q30/%	有效数据比例/%
CK_Cf_A1	70.24	67.63	6.76	98.30	92.66	96.29
CK_Cf_A2	72.74	69.94	6.99	98.30	92.59	96.15
CK_Cf_A3	72.74	69.95	6.99	98.06	91.78	96.15
CK_Cf_B1	70.24	67.51	6.75	98.23	92.21	96.12
CK_Cf_B2	72.74	69.70	6.97	98.31	92.55	95.82
CK_Cf_B3	70.24	67.06	6.71	98.31	92.61	95.48
CK_MM_A1	72.74	69.55	6.95	98.29	92.53	95.61
CK_MM_A2	72.74	70.15	7.01	98.19	92.20	96.43
CK_MM_A3	70.24	67.42	6.74	98.12	91.94	96.00
CK_MM_B1	66.90	64.15	6.41	98.13	92.04	95.89
CK_MM_B2	67.73	65.10	6.51	98.23	92.36	96.12
CK_MM_B3	72.74	70.08	7.01	98.20	92.24	96.34

续表

样品	总 raw read/Mb	总 clean read/Mb	总 clean base/Gb	Q20/%	Q30/%	有效数据比例/%
Cf_A1	70.24	67.43	6.74	98.31	92.69	96.01
Cf_A2	72.74	69.93	6.99	98.29	92.64	96.13
Cf_A3	70.24	67.52	6.75	98.22	92.39	96.13
Cf_B1	75.25	71.82	7.18	98.19	92.21	95.44
Cf_B2	75.25	72.64	7.26	98.24	92.20	96.53
Cf_B3	72.74	68.95	6.89	98.27	92.47	94.78
MM_A1	72.74	69.83	6.98	98.06	91.84	95.99
MM_A2	70.24	67.31	6.73	98.09	91.92	95.83
MM_A3	70.24	67.54	6.75	98.12	92.05	96.16
MM_B1	72.74	70.05	7.00	98.25	92.25	96.29
MM_B2	70.24	67.46	6.75	98.18	91.98	96.04
MM_B3	72.74	70.29	7.03	98.26	92.46	96.63

注:Q20 为错误率小于≤1%的碱基百分比;Q30 为错误率小于≤0.1%的碱基百分比;有效数据比例为 clean read 占 raw read 的百分比。

表 3-8　Clean read 与参考基因组的比对

样品	总比对率/%	单一位点比对率/%
CK_Cf_A1	95.41	79.21
CK_Cf_A2	95.23	78.26
CK_Cf_A3	95.42	79.95
CK_Cf_B1	95.52	82.06
CK_Cf_B2	95.36	79.73
CK_Cf_B3	94.61	78.43
CK_MM_A1	95.44	78.95
CK_MM_A2	95.59	79.38
CK_MM_A3	95.83	80.21

续表

样品	总比对率/%	单一位点比对率/%
CK_MM_B1	95.46	81.35
CK_MM_B2	95.78	82.17
CK_MM_B3	95.70	80.86
Cf_A1	94.17	80.31
Cf_A2	94.68	79.82
Cf_A3	93.29	78.73
Cf_B1	95.45	80.23
Cf_B2	94.95	81.85
Cf_B3	93.62	79.00
MM_A1	93.61	79.36
MM_A2	93.50	79.53
MM_A3	93.71	79.83
MM_B1	95.41	82.51
MM_B2	95.08	82.61
MM_B3	94.99	80.75

3.6.3 差异表达基因分析

为了研究 Ontario7816 和 Moneymaker 与叶霉菌互作的机制及得到抗病相关基因,我们对 8 个比较组的转录组数据进行 DEGseq 的标准化分析。差异表达基因的确定标准为 $Q \leqslant 0.001$ 和 $\log_2 FC \geqslant 2$。首先,本书对各组间筛选得到的差异表达结果进行火山图展示。如图 3-10 所示,Ontario7816 和 Moneymaker 在第 4 天时的差异表达基因明显多于第 8 天时的差异表达基因。

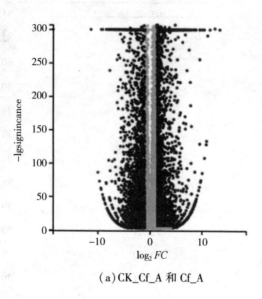

（a）CK_Cf_A 和 Cf_A

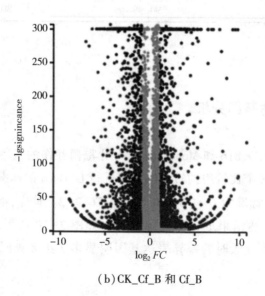

（b）CK_Cf_B 和 Cf_B

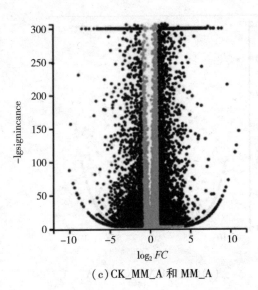

（c）CK_MM_A 和 MM_A

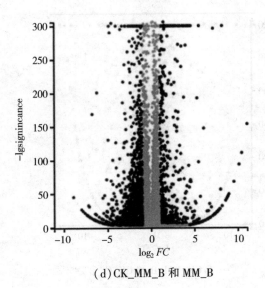

（d）CK_MM_B 和 MM_B

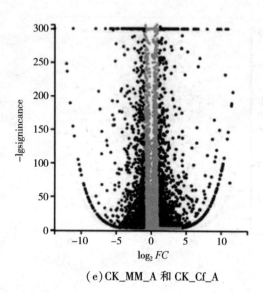

（e）CK_MM_A 和 CK_Cf_A

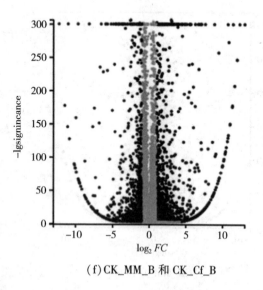

（f）CK_MM_B 和 CK_Cf_B

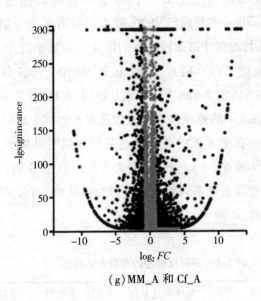

（g）MM_A 和 Cf_A

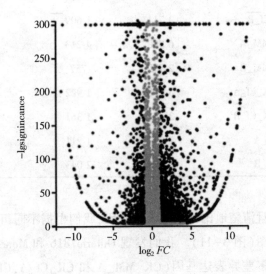

（h）MM_B 和 Cf_B

图 3-10　不同比较组间差异表达基因的火山图①

---

① 此图此处仅做示意,如有需要可向作者索取彩图。

表 3-9 更为直观地列出了 8 个比较组的差异表达基因数量。在 Ontario7816 和 Moneymaker 的对照组中,在第 4 天和第 8 天分别有 3 298 和 2 464 个差异表达基因;而在叶霉菌侵染后的第 4 天和第 8 天,Ontario7816 和 Moneymaker 的差异表达基因分别为 2 242 和 3 095 个。与各自的对照组相比,在第 4 天,Ontario7816 有 8 526 个差异表达基因(5 110 个上调表达,3 416 个下调表达),Moneymaker 的差异表达基因数量为 6 938(4 213 个上调表达,2 725 个下调表达);而在第 8 天的差异表达基因数量明显减少,Ontario7816 的上调表达基因为 1 609 个,下调表达基因为 2 102 个,共 3 711 个差异表达基因,Moneymaker 的差异表达基因数量为 2 772,包括 757 个上调表达基因和 2 015 个下调表达基因。

表 3-9　不同比较组的差异表达基因

对比	差异表达基因	上调表达基因	下调表达基因
CK_Cf_A 和 Cf_A	8 526	5 110	3 416
CK_Cf_B 和 Cf_B	3 711	1 609	2 102
CK_MM_A 和 MM_A	6 938	4 213	2 725
CK_MM_B 和 MM_B	2 772	757	2 015
CK_MM_A 和 CK_Cf_A	3 298	1 922	1 376
CK_MM_B 和 CK_Cf_B	2 464	1 361	1 103
MM_A 和 Cf_A	2 242	1 211	1 031
MM_B 和 Cf_B	3 095	2 043	1 052

为了更加直观且清楚地比较差异表达基因,我们根据不同组间的差异表达基因绘制了韦恩图(图 3-11)。我们发现 Ontario7816 和 Moneymaker 的对照组之间也存在许多差异表达基因(CK_MM_A 和 CK_Cf_A,CK_MM_B 和 CK_Cf_B),此外,如图 3-11(c)所示,Ontario7816 和 Moneymaker 在第 4 天和第 8 天的对照组与处理组之间存在 707 个共同基因,这些结果表明比较组中的一些差异表达基因与叶霉病抗性不相关。值得注意的是,在叶霉菌侵染番茄植株的第 4 天,CK_Cf_A 和 Cf_A 与 MM_A 和 Cf_A 这两个比较组存在 306

个共同差异表达基因[图 3-11(a)],而在第 8 天,CK_Cf_B 和 Cf_B 与 MM_B 和 Cf_B 比较组之间有 541 个共同差异表达基因[图 3-11(b)],这些差异表达基因极有可能是抗叶霉病的候选基因,因此,本书对这些差异表达基因进行了更深入的分析。

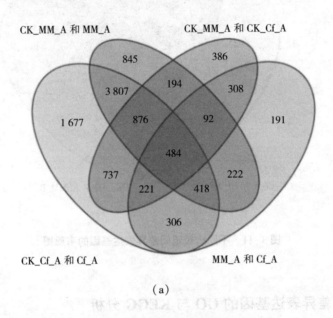

(a)

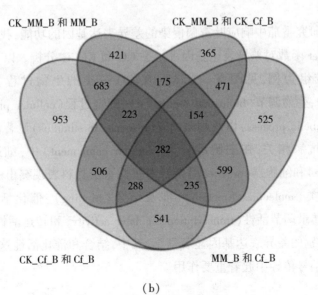

(b)

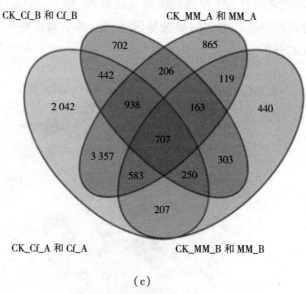

图 3-11 不同比较组间差异表达基因的韦恩图

3.6.4 差异表达基因的 GO 与 KEGG 分析

为了研究番茄中响应叶霉菌侵染的差异表达基因的功能,我们利用 R 软件的 Phyper 函数对差异表达基因进行了 GO 和 KEGG 分析。以 CK_Cf_A 和 Cf_A 比较组为例,见图 3-12(a),在 GO 分类的生物过程类(biological process)中,生物调节(biological regulation)、细胞过程(cellular process)、代谢过程(metabolic process)以及刺激响应(response to stimulus)显著富集,这些分类与植物抗病相关;在细胞组分类(cellular component)中,细胞(cell)、膜(membrane)和细胞器(organelle)是针对抗性番茄材料表现突出的类别;关于分子功能类(molecular function),涉及结合(binding)、催化活性(catalytic activity)、转录调节活性(transcription regulator activity)和转运活性(transporter activity)类别的差异表达基因显著富集,其中,结合和催化活性这两个类别在植物激素信号传导中起着重要作用。

　　为了更好研究 *Cf*-16 介导的叶霉菌抗性反应,我们选取了 CK_Cf_A 和 Cf_A 比较组的前 200 个差异表达基因进行了 GO 富集分析,见图 3-12(b)。最显著富集的 GO 类别与细胞壁的组织或其组成部分代谢相关,包括木葡聚糖:木葡聚糖转移酶活性(xyloglucan:xyloglucosyl transferase activity)、木葡聚糖代谢过程(xyloglucan metabolic process),细胞壁多糖代谢过程(cell wall polysaccharide metabolic process)和半纤维素代谢过程(hemicellulose metabolic process)。细胞壁是大多数病原体侵染植物的第一个障碍。因此,这些显著富集类别相关的差异表达基因可能在 *Cf*-16 介导的对叶霉菌的抗性中发挥重要作用。

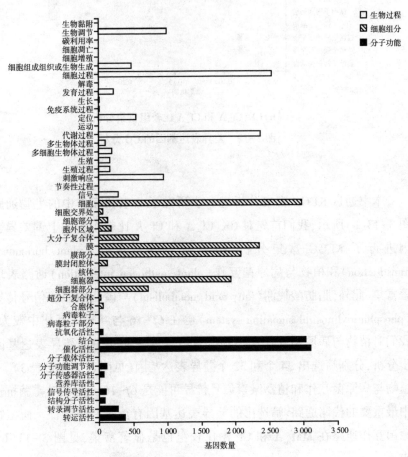

(a)CK_Cf_A 和 Cf_A 比较组 GO 分类分析

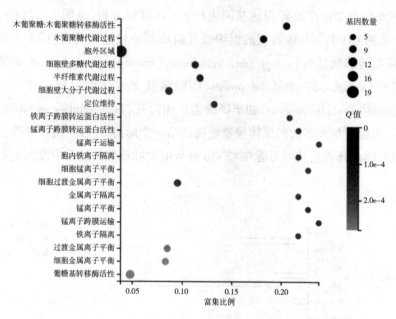

（b）CK_Cf_A 和 Cf_A 比较组富集分析

图 3-12　差异表达基因的 GO 分析

　　本书通过 KEGG 富集分析进一步研究了非亲和互作中的生物通路。如图 3-13（a）所示，我们首先对 CK_Cf_A 和 Cf_A 比较组中的上调差异表达基因进行了 KEGG 富集分析，植物激素信号传导（plant hormone signal transduction）和植物与病原菌互作（plant-pathogen interaction）通路表现为显著富集，此外，脂肪酸代谢（fatty acid metabolism）与磷脂酰肌醇信号传导系统（phosphatidylinositol signaling system）也在 *Cf*-16 与叶霉菌互作中较为突出。我们对植物与病原菌互作和植物激素信号传导通路中的差异表达基因进一步分析，分别筛选出 34 个和 32 个差异表达基因（见附表 2 和附表 3）。总之，植物与病原菌互作和植物激素信号传导可能是 *Cf*-16 介导的叶霉菌抗性反应中最重要的代谢通路，筛选出的差异表达基因有待进一步验证。而植物与病原菌互作通路在 MM_A 和 Cf_A 比较组也是显著富集，见图 3-13（b）和附表 4。

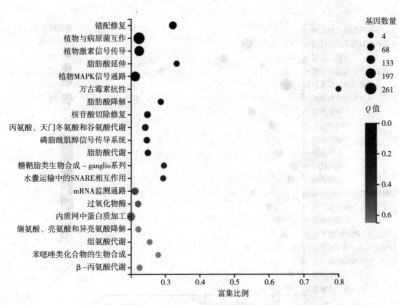

（a）CK_Cf_A 和 Cf_A 比较组上调差异表达基因的 KEGG 富集

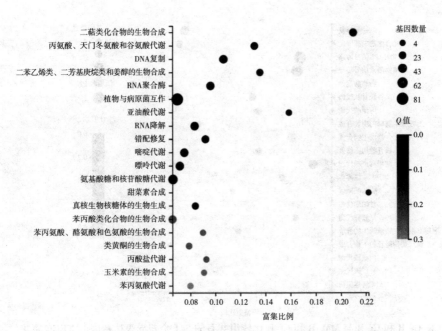

（b）MM_A 和 Cf_A 比较组上调差异表达基因的 KEGG 富集

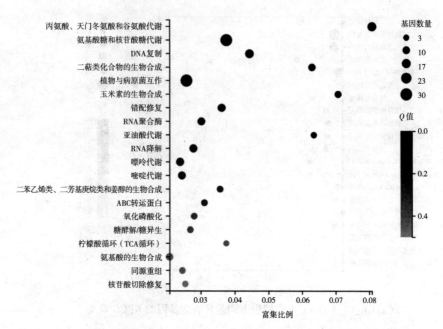

（c）CK_Cf_A 和 Cf_A 与 MM_A 和 Cf_A 比较组共有的 306 个差异表达基因的 KEGG 富集

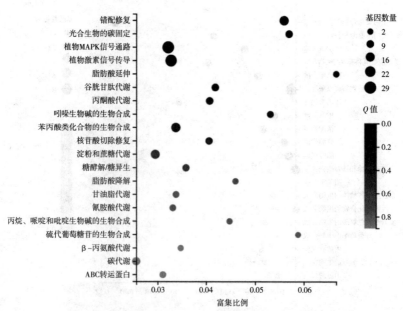

（d）CK_Cf_B 和 Cf_B 与 MM_B 和 Cf_B 比较组共有的 541 个差异表达基因的 KEGG 富集

图 3-13　差异表达基因 KEGG 富集分析

此外,我们对韦恩图 3-11(a) 和(b) 中提到的共有的 306 个和 541 个差异表达基因分别进行了 KEGG 富集分析,见图 3-13(c) 和(d)。值得注意的是,植物与病原菌互作和植物激素信号传导通路依然显著富集。本书筛选得到了植物与病原菌互作通路中的一些抗病相关基因和植物激素信号传导通路中的 6 个差异表达基因,见表 3-10 和表 3-11。这些基因极有可能是抗叶霉病的候选基因。这些结果再一次表明植物激素在 *Cf*-16 基因对叶霉菌侵染的应答中起关键作用。

表 3-10　CK_Cf_A 和 Cf_A 与 MM_A 和 Cf_A 比较组中
306 个共同差异表达基因的植物与病原菌互作通路中的抗病相关基因

基因 ID	基因注释	$\log_2 FC$	
		CK_Cf_A 和 Cf_A	MM_A 和 Cf_A
101246100	putative ATPase	2.22	4.99
101251989	disease resistance protein	1.44	2.36
101253178	disease resistance protein RPM1	2.42	4.89
101256988	glucosamine—fructose – 6 – phosphate aminotransferase(isomerizing)	1.74	5.88
101258758	LRR receptor – like serine/threonine – protein kinase FLS2	1.77	1.60
101263364	putative ATPase	3.26	7.32
101263890	tubulin–folding cofactor B	1.26	2.13
109118687	disease resistance protein	2.34	1.61
109120689	disease resistance protein RPM1	2.94	5.15
109121092	LRR receptor – like serine/threonine – protein kinase FLS2	3.45	2.36
BGI_novel_ G001085	5′ – AMP – activated protein kinase, catalytic alpha subunit	1.80	2.34
BGI_novel_ G001591	disease resistance protein RPM1	2.83	2.76

表 3-11　CK_Cf_B 和 Cf_B 与 MM_B 和 Cf_B 比较组中

541 个共同差异表达基因的植物激素信号传导通路中的相关基因

基因 ID	基因注释	Log$_2$ *FC*	
		CK_Cf_B 和 Cf_B	MM_B 和 Cf_B
101245668	xyloglucan：xyloglucosyl transferase TCH4	4. 16	2. 63
101251578	aprataxin	3. 19	2. 20
101262506	arabidopsis histidine kinase 2/3/4 (cytokinin receptor)	1. 32	2. 13
101263609	disease resistance protein RPM1	1. 70	1. 54
101264326	SAUR family protein	1. 75	3. 76
104649076	auxin responsive GH3 gene family	4. 19	2. 62

3.6.5　差异表达基因的代谢与调控途径分析

我们利用 MapMan 工具对叶霉菌侵染第 4 天时 Moneymaker 与 Ontario7816 之间的差异表达基因进行了可视化分析,探究其调控途径。由图 3-14(a)可见,大多数差异表达基因呈上调表达,且这些差异表达基因主要涉及转录因子(TF),包括受体激酶(receptor kinases)。此外,钙离子调节(calcium regulation)和光(light)通路也在响应叶霉菌侵染的过程中呈上调或下调表达。在 *Cf-16* 基因介导的抗叶霉菌通路中,激素扮演着重要的角色,例如吲哚-3-乙酸(IAA)、脱落酸(ABA)、乙烯、SA 和 JA 等。它们在抗病基因参与的与激素有关的抗病通路中起着重要的作用。图 3-14(b)所示,上调的差异表达基因主要包括抗性基因和 MAPK、PR 蛋白、TF 等相关基因及乙烯、ABA、SA 和 JA 等激素相关的基因。这些结果也再一次证明了这些通路对于 *Cf-16* 介导的抗叶霉菌反应的重要性。

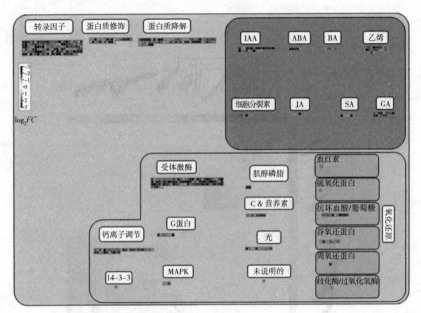

（a）生物胁迫

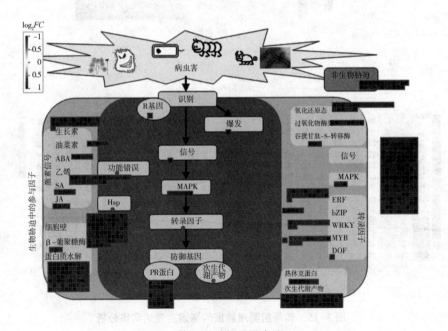

（b）第4天时的差异表达

图3-14　MapMan 分析的调控概况

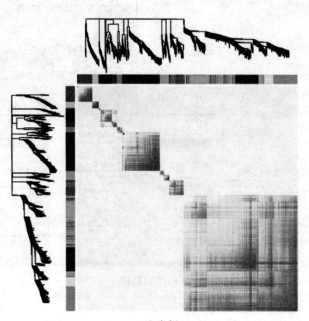

（a）聚类树

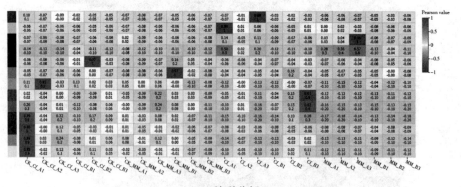

（b）关联分析

图 3-15 转录组测序数据的基因共表达网络分析

3.6.6　基因共表达网络分析

　　基因共表达网络分析(WGCNA)是转录组分析中常用的计算方法。根据基因表达水平的相关性绘制的基因树状图,本书得到了 13 类模块,可见图 3-15 (a)。由图 3-15(b)可见,部分基因在叶霉菌侵染第 4 天的抗病材料 Ontario7816 中高水平表达,而部分基因在叶霉菌侵染第 4 天的 Ontario7816 和 Moneymaker 中的表达都相对较高。随后,本书对在抗病材料 Ontario7816 中高水平表达的基因进行了 KEGG 富集分析,见图 3-16。图 3-16(a)中,显著富集的通路主要有植物与病原菌互作、氧化磷酸化(oxidative phosphorylation)以及苯丙氨酸、酪氨酸和色氨酸的生物合成(phenylalanine, tyrosine and tryptophan biosynthesis)等通路;而图 3-16(b)中,戊糖磷酸通路(pentose phosphate pathway)、类黄酮的生物合成(phenylpropanoid biosynthesis)和植物激素信号传导通路被识别。值得关注的是,图 3-16(a)中的植物与病原菌互作通路的差异表达基因与附表 4 中的基因重合,总之,这些抗病相关基因需要进一步的验证和功能分析来明确它们在 *Cf*-16 基因介导的抗叶霉病响应中所起到的作用。

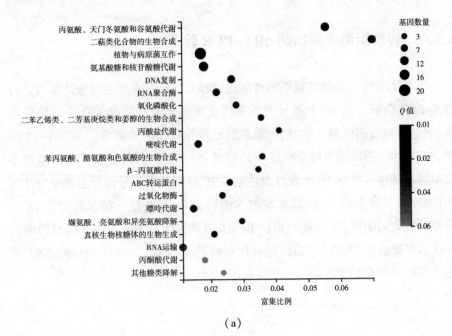

(a)

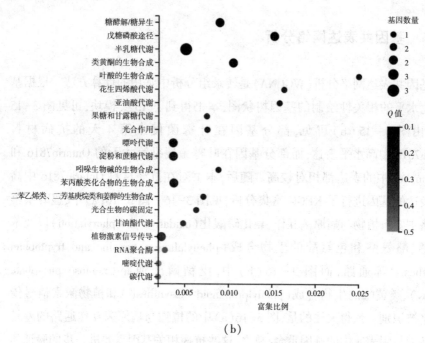

(b)

图 3-16　两个模块的 KEGG 富集分析

3.6.7　转录组测序数据的 qRT-PCR 验证

为了证明转录组测序结果的可靠性,我们选取了 16 个差异表达基因进行 qRT-PCR 验证。这 16 个差异表达基因主要从显著富集的 KEGG 通路中选取,包括植物与病原菌互作、植物激素信号传导和代谢通路等。如图 3-17 所示,qRT-PCR 的数据与转录组测序的结果有相似的趋势,证实了转录组测序结果的准确性。在这 16 个差异表达基因中,植物激素信号传导通路中的基因 101247936 显著上调表达,其被预测为编码 JAZ 蛋白,这一结果也符合 JA 对叶霉菌侵染的响应;编码抗病蛋白 RPM1 的基因 100736444 在抗病材料中的表达水平提高了 27 倍;而编码过氧化物酶的基因 101259487 与编码 CML 蛋白的基因 101256817 的表达水平提高了 11 倍。

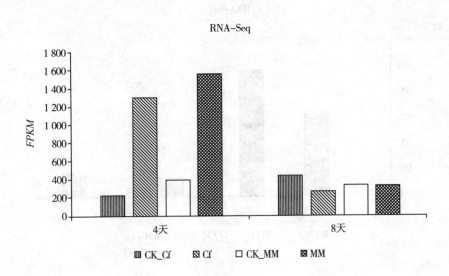

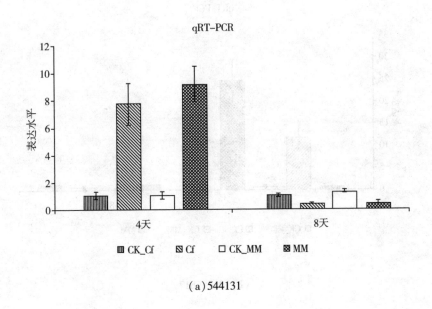

(a) 544131

RNA–Seq

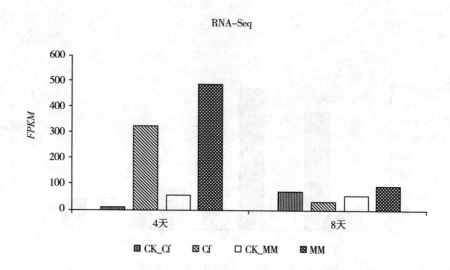

qRT–PCR

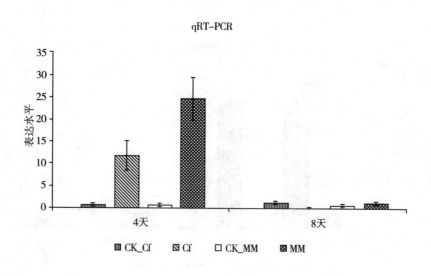

(b) 101256817

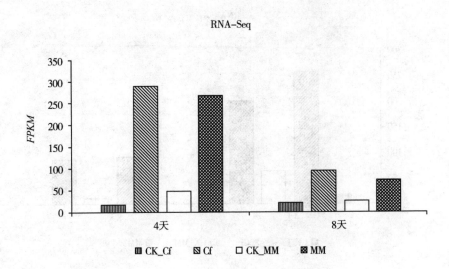

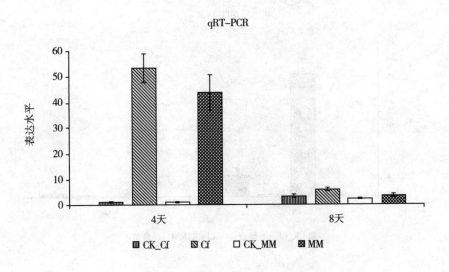

(c) 544313

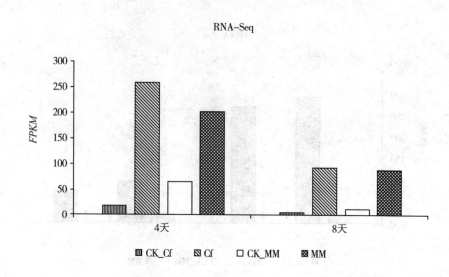

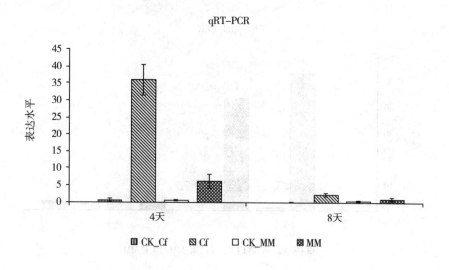

(d) 101249794

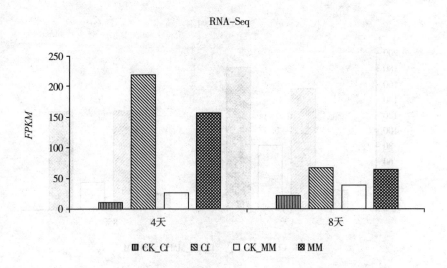

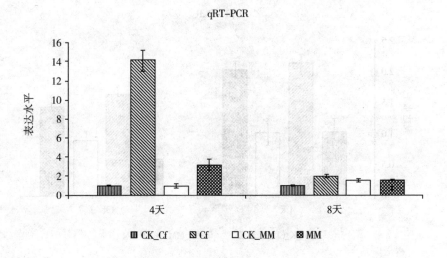

(e) 101265426

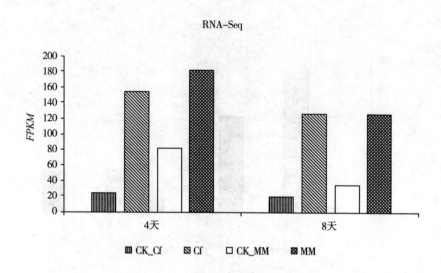

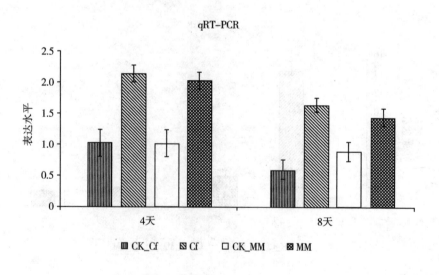

(f) 101261835

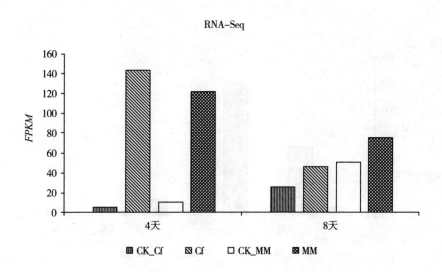

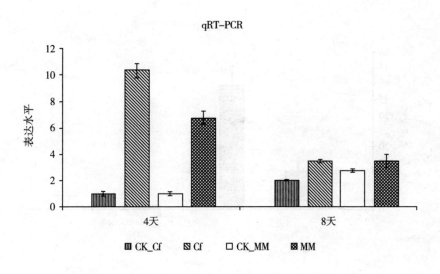

（g）101249721

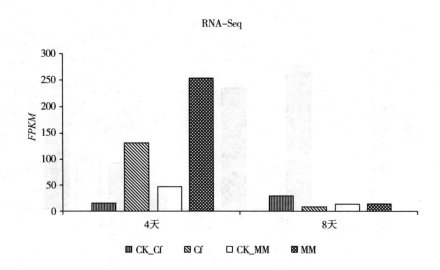

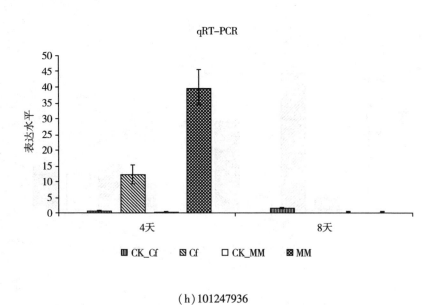

(h) 101247936

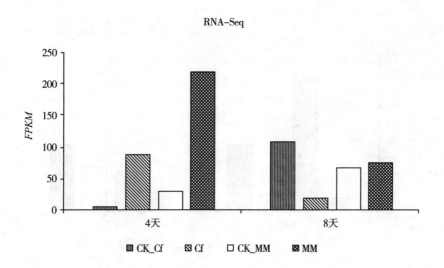

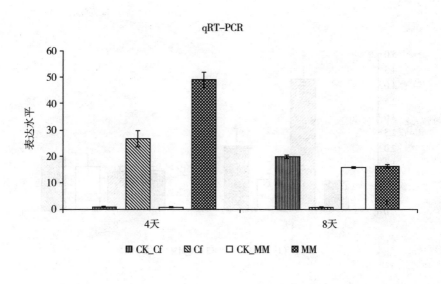

(i) 100736444

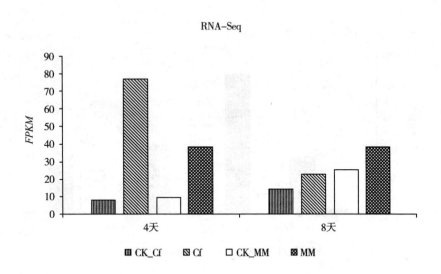

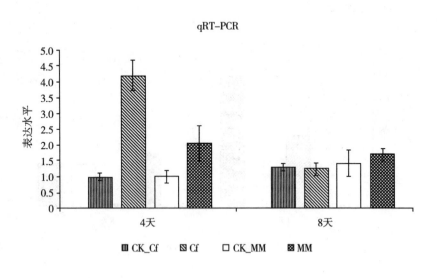

（j）778212

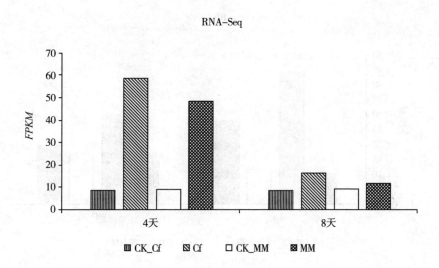

RNA-Seq

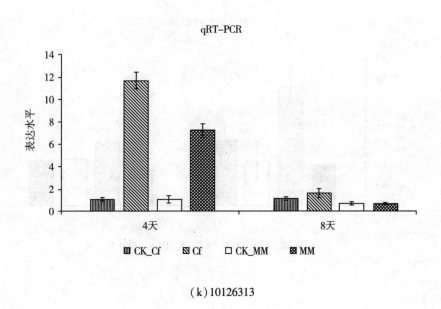

qRT-PCR

(k) 10126313

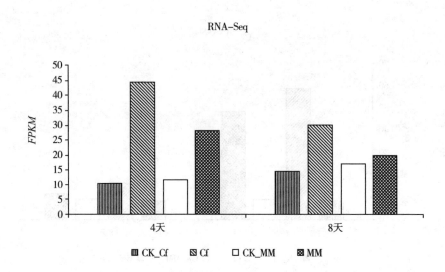

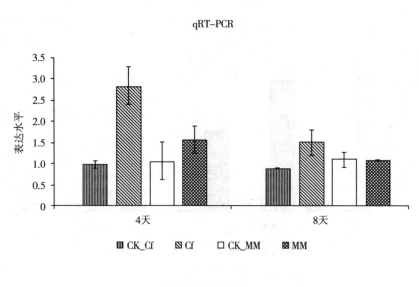

(1) 101244012

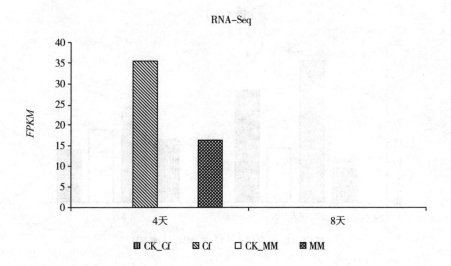

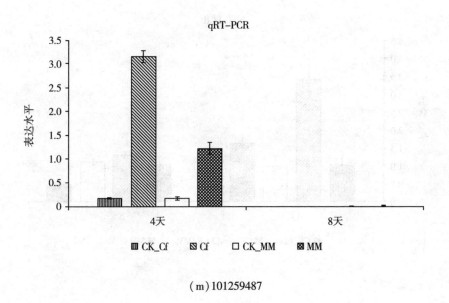

（m）101259487

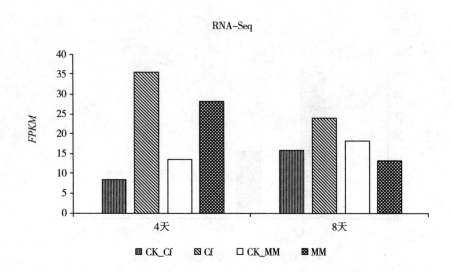

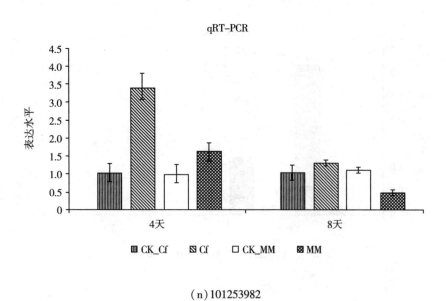

（n）101253982

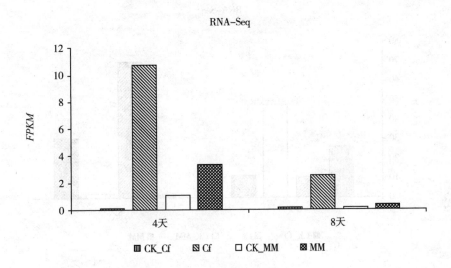

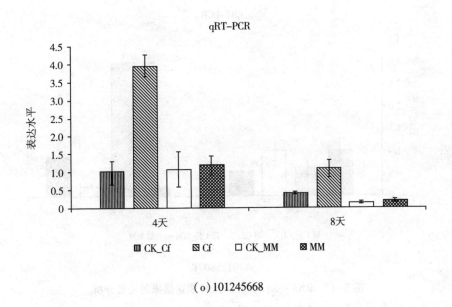

（o）101245668

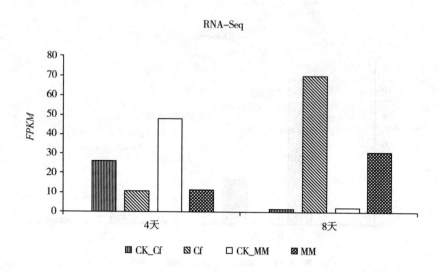

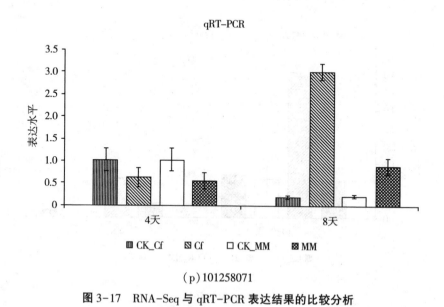

（p）101258071

图3-17　RNA-Seq 与 qRT-PCR 表达结果的比较分析

注:CK_Cf_16 为 Ontario7816 对照组; Cf 为 Ontari07816 接菌侵染组; CK_MM 为 Moneymaker 对照组; MM 为 Moneymaker 接菌侵染组。

4 讨论

4.1 *Cf*-16 基因的抗性范围与遗传规律

番茄抗叶霉病 *Cf* 基因具有对叶霉菌生理小种的特异抗性。而叶霉菌生理小种的剧烈分化为番茄叶霉病的研究带来难题,新的 *Cf* 基因导入栽培品种中很快就被新分化出的生理小种克服而失去抗性。世界对叶霉菌生理小种的鉴定工作早已进行,而国内对于叶霉菌生理小种的研究工作从 20 世纪 80 年代才开始。研究表明,*Cf*-4 基因在生产中的应用被 1.2.4 和 1.2.3.4 等小种所克服,随着 1.2.3.4.5、1.2.3.4.9、2.5 及 2.4.5 小种的发现,*Cf*-5 与 *Cf*-9 这两个目前育种中常用的抗叶霉病基因的应用也逐渐受到限制。发掘、鉴定和研究新的抗叶霉病种质资源,是番茄抗叶霉病育种的主要目标。在开展抗病育种工作之前,了解叶霉菌生理小种的分化情况并对新的 *Cf* 基因进行抗性范围鉴定十分关键。而本书对 *Cf*-16 基因的接种鉴定表明,*Cf*-16 基因对于所鉴定的生理小种均表现抗病良好,表明该基因是番茄抗叶霉病育种的宝贵资源,为进一步研究奠定了基础。

对番茄抗叶霉病基因的抗性遗传分析表明,目前已经被鉴定的众多 *Cf* 基因多为显性单基因遗传规律,而对含有相同 *Cf* 基因的纯合与杂合基因型的番茄植株的抗性鉴定得出,*Cf* 基因属于不完全显性基因。本书所用的番茄材料 Ontario7816 含有 *Cf*-16 基因,但其遗传规律并不明确。为此,我们构建了 Ontario7816 与 Moneymaker 的数世代群体,结果显示 F_1 代表现为全部抗病,F_2 代群体中的 *Cf*-16 基因的抗、感分离比也符合 3∶1 的孟德尔分离定律,同时,BC_1P_2 群体中的 *Cf*-16 基因符合 1∶1 的孟德尔分离定律,明确了 *Cf*-16 基因对叶霉菌的抗性符合单基因显性遗传规律。*Cf*–16 基因的抗性范围与遗传规律的明确,为接下来 *Cf*–16 基因的定位工作及未来在抗病育种中的应用做好了铺垫。

4.2　*Cf*–16 基因与叶霉菌的互作过程及生理指标测定

　　本书利用台盼蓝染色直观、清晰地展示了番茄与叶霉菌的亲和互作和非亲和互作的反应过程。在叶霉菌侵染的第 8 天,本书从抗病材料 Ontario7816 的染色叶片中观察到了 HR,而在感病材料 Moneymaker 中菌丝穿过气孔且不断地生长繁殖。HR 即过敏反应,是植物通过自身的抗病基因响应病原菌入侵并激发的抗病反应,将附着的菌丝限制在坏死区域,从而造成细胞程序性死亡,起到抗病作用。亲和互作中不会发生这种特异性识别。*Cf*–16 与叶霉菌的非亲和互作过程和 *Cf*–12 的非亲和互作过程类似,在叶霉菌侵染的第 4 天菌丝穿过气孔,且抗、感材料分别于第 8 天出现坏死和菌丝从气孔伸出,我们也依此确定了第 4 天和第 8 天作为 *Cf*–16 与叶霉菌互作过程中的重要时间点,为后续的转录组测序分析提供了有力依据。

　　ROS 爆发是植物细胞受到生物胁迫或非生物胁迫时发生的早期防御反应。ROS 可以作为抗菌剂直接杀死入侵的病原物,阻止病原物的入侵,也可作为局部和系统信号分子,调控上、下游信号以及在转录水平激活相关抗病基因的表达。拟南芥、水稻和大豆等植物在遭受病原菌侵染时都表现出 ROS 爆发,且在亲和互作与非亲和互作早期都能观察到 ROS 积累,而晚期的 ROS 爆发只出现在非亲和互作中,HR 将病原菌限制在侵染部位细胞以防止进一步扩散。本书的研究结果表明,抗、感材料在受到叶霉菌侵染时的 ROS 含量都呈上升趋势,且抗病材料在叶霉菌侵染早期的 ROS 含量高于感病材料,说明非亲和互作中的 HR 与 ROS 爆发有着紧密的联系,而在侵染后期,感病材料中的 ROS 含量高于抗病材料,可能与侵染后期感病材料中菌丝的大面积生长繁殖有关。同时,在病原菌侵染时,植物的 SOD、POD 和 CAT 等保护酶类也被激活,它们是植物内源的 ROS 清除剂,保护酶类活性的升高可以有效清除 ROS,从而减少其对膜结构和功能的破坏,在接菌后抗病材料中这 3 种酶活性均表现为升高,与 *Cf*–10 和其他叶霉病抗病材料的研究结果基本符合(图 4-1)。

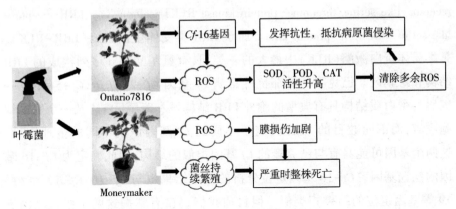

图 4-1　番茄抗、感植株的反应

植物激素在调控植物生长、发育、繁殖和抗性中都能发挥信号分子的作用。其中 SA 和 JA 作为初级信号,在植物诱导抗性中起着主导作用。相关研究表明,阻碍 SA 积累的烟草和拟南芥突变体对多种病原菌的敏感性增强,并且无法建立 SAR,说明 SA 在植物诱导抗性中至关重要。本书中,在叶霉菌侵染后 Ontario7816 的 SA 和 JA 含量均呈上升趋势,且 JA 含量在接菌前期迅速上升。SA 与 JA 在 *Cf*-16 基因介导的抗病反应中发挥作用,但二者的相互关系有待进一步的研究。

4.3　*Cf*-16 基因的定位分析

番茄抗叶霉病 *Cf* 基因的定位、克隆及育种应用是研究番茄叶霉病的主要手段之一。本书对 *Cf*-16 基因的定位分析采用父、母本重测序结合 F_2 代抗、感池的重测序并结合 SSR 分子标记进行关联分析确定候选区间,将 *Cf*-16 基因定位于番茄 6 号染色体上标记 TGS447 和 TES312 之间,遗传距离为 2.6 cM,物理距离为 3.63 Mb。

候选区间内父、母本之间非同义突变的 SNP 为 139 个,这些 SNP 极有可能是抗、感基因突变的位点。候选区间内共有 71 个基因,通过对候选区间基因的多种数据库的功能注释和结构分析,我们最终筛选得到了两个候选基因 XM_004240667.3 和 XM_010323727.1,其功能注释分别为 probable LRR receptor - like serine/threonine - protein kinase At1g51880 与 probable LRR receptor-like serine/threonine-protein kinase RFK1 isoform X1。LRR receptor-like serine/threonine-protein kinase 属于 LRR 类受体蛋白激酶(LRR-RLK),是类受体蛋白激酶(RLK)中最大的一类,具有氨基酸保守序列构成的 LRR 结构和跨膜区。已克隆的番茄抗叶霉病 *Cf* 基因 *Cf*-2、*Cf*-4、*Cf*-5 和 *Cf*-9 编码的蛋白质结构具有典型的胞外 LRR 结构域和跨膜区 TM 及一个短的细胞质域,而不同数目的 LRR 决定了不同的 *Cf* 基因识别不同的生理小种。这两个基因可能具有与已克隆的 *Cf* 基因类似的结构,因此确定为 *Cf*-16 基因的候选基因。*Cf*-16 基因定位分析的筛选结果也与 *Cf*-10、*Cf*-12 和 *Cf*-19 等基因定位的结果相类似。但目前我们仍没有掌握这两个候选基因更多的信息,接下来对这两个候选基因进行表达模式分析以及进一步的功能验证是必不可少的。

4.4 *Cf*-16 基因与叶霉菌互作的转录组测序分析

目前,转录组测序技术已广泛应用于植物抗病研究等方面,且随着对植物与病原菌互作的转录组学的研究,很多抗病应答相关基因被挖掘和鉴定,为研究植物抗病的分子机制及培育抗病新品种提供了理论依据。番茄参考基因组的公布,为番茄相关转录组测序提高了数据的精度与准确性,也为筛选抗病相关基因提供了参考,以便更深入分析。本书对抗病材料 Ontario7816 与感病材料 Moneymaker 接种叶霉菌后的不同时间点的叶片进行了转录组测序,旨在研究 *Cf*-16 基因与叶霉菌互作的重要通路并挖掘抗病相关的差异表达基因,为更全面、更深入地探索 *Cf* 基因与叶霉菌互作的分子机制提供理论依据。

在响应叶霉菌侵染的过程中,抗病材料 Ontario7816 和感病材料 Moneymaker 在第 4 天时都发生了剧烈的转录变化,且对照比较组之间也存在许多差异表达基因,这些差异表达基因可能与叶霉病抗性无关,而我们结合比较对照组的转录组数据,更严格、准确地筛选了抗病材料 Ontario7816 中的抗性基因。通过初步比较,在叶霉菌侵染的早期阶段,含有 *Cf*-16 基因的抗病材料 Ontario7816 中检测到的上调表达差异表达基因数量明显多于含有 *Cf*-10、*Cf*-12 和 *Cf*-19 基因的材料。对 *Cf*-19、*Cf*-12、*Cf*-10 和 *Cf*-16

的转录组数据进行的全面比较分析将为进一步探索 *Cf* 基因介导的对叶霉菌侵染的抗性机制提供重要依据。

植物具有一系列响应病原体侵染的防御机制。PRR 是植物的第一层"保护伞"，它们通过识别叶霉菌来激活防御反应。在本书中，模式识别蛋白 CERK1(chitin elicitor receptor kinase 1,BGI_novel_G000519)在侵染第 4 天的 Ontario7816 中显著上调表达，该结果与其他研究人员对 *Cf*-12 的研究结果一致。研究者应进一步探究 CERK1 表达的增加是否与几丁质信号传导的激活有关，并确定其表达增加是否影响番茄与叶霉菌的互作过程。

在识别到叶霉菌侵染后，含有 *Cf*-16 基因的抗病材料 Ontario7816 迅速激活了一系列复杂的防御相关的信号通路。Ca^{2+} 内流被认为在众多 PAMP 感应过程的早期下游应答中起关键作用，引起局部和系统获得性抗性。Ca^{2+} 可以激活钙调蛋白激酶 CDPK，而 CDPK 在植物抵御非生物胁迫和病原菌侵染方面均起到重要作用。本书的抗病材料中的 CDPK(101249495、101055527 和 101255379)在叶霉菌侵染早期具有高表达水平。这一结论符合前人的研究结果，表明这些基因在 *Cf*-16 介导的抗叶霉菌反应中扮演重要角色。此外，Ca^{2+} 可与 CML 结合产生 NO，进一步促进植物的 HR 或自身免疫反应。本书的研究结果表明，抗病材料中的 11 个 *CML* 基因在第 4 天显著表达[图 4-2(a)]，其中，基因 543942 和 101245711 显著上调表达，且在 Ontario7816 中的表达水平是在 Moneymaker 中的 8 倍。基于以上结果，我们证实了这些 *CML* 基因参与 *Cf*-16 介导的抗病响应。Ranty 等人也证明了 *CML* 基因参与调节植物对非生物胁迫和病原菌侵染的应答。植物模式识别受体激酶 FLS2 可以识别 flg22，随后激活 WRKY TF 的下游信号传导途径，以促进对细菌、真菌和线虫的防御反应。在 *Cf*-16 的转录组分析中，我们发现了 12 个在第 4 天特定上调的 *WRKY* 基因[图 4-2(b)]，其中，4 个基因(101268780、101258361、101248996 和 101246812)在抗病材料中的表达水平远高于感病材料，这些 *WRKY* 基因可能激活一系列下游 PR 基因，从而在 *Cf*-16 番茄对叶霉菌的抗性应答中起关键作用。同时，PR-1 基因 544123 和 100191111 在叶霉菌侵染后的 Ontario7816 中明显上调。总体而言，本书的结果表明 PRR 激活并促进下游 CDPK、CML 和 WRKY TF 的表达，诱导 ROS 的积累，以及细胞壁上半胱氨酸蛋白酶抑制剂 cystatin 的沉积，从而在 *Cf*-16 番茄中诱导 PTI。

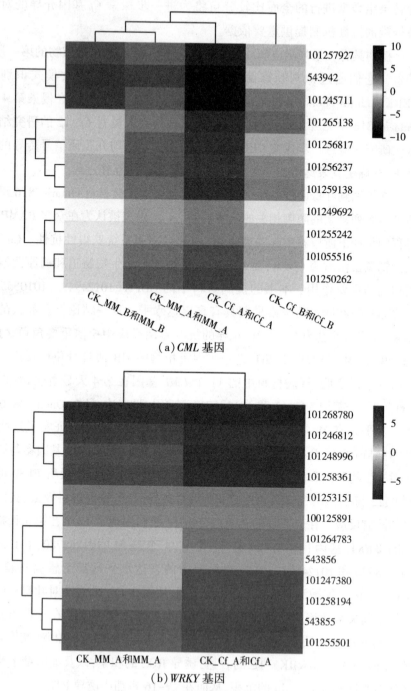

（a）*CML* 基因

（b）*WRKY* 基因

图4-2　*CML* 和 *WRKY* 基因的聚类分析

在与植物互作的长期进化过程中,几种病原体通过产生多种效应因子成功引起了ETS。同时,植物也通过进化产生R基因来识别这些效应因子,并通过效应因子及其相应的NBS-LRR类受体之间的高度特异性识别发挥作用。水稻中的CC-NBS-LRR蛋白可以直接与Avr因子互作,其LRR结构域可以直接识别稻瘟病菌的效应因子AvrPita并诱导ETI。拟南芥中RPM1的NBS-LRR蛋白对丁香假单胞菌具有抗性,RPM1也参与HR的发生。在本书中,编码RPM1的基因101261141、100736444、109120689、101253178和BGI_novel_G001591在叶霉菌侵染第4天的抗病材料中显著上调,重点是109120689、101253178和BGI_novel_G001591这3个基因也是仅在CK_Cf_A和Cf_A及MM_A和Cf_A比较组中共有的抗病基因,它们极有可能是抗叶霉病的候选基因。

植物激素在调节植物防御反应中起到关键作用。SA对植物与病原菌互作调控十分关键,可诱发HR和SAR。本书从KEGG的植物激素信号传导通路中鉴定出32个差异表达蛋白(附表3),涉及SA信号通路的TGA(104645854、101250172和101253982)与PR-1(544123)基因在叶霉菌侵染的抗病材料中显著上调,且抗病材料中PR-1(544123)基因在第4天和第8天的表达水平均明显高于其在感病材料中的表达水平,这也表明PR-1在Cf-16介导的对叶霉菌的抗性应答中具有重要功能。我们还发现了抗病材料Ontario7816中2个在JA信号通路中编码主要蛋白质的JAZ基因101247936和100134911在叶霉菌侵染的第4天上调表达。这一发现与之前我们测定的JA含量变化趋势吻合。此外,我们在植物激素信号传导通路中鉴定出一些SAUR家族蛋白(BGI_novel_G000650、BGI_novel_G001679、101255313、101257321、104648957和101264326)和PP2C(101249794和101261835),说明SUAR家族蛋白以及PP2C也参与Cf-16对叶霉菌的抗性反应。SAUR家族蛋白101264326是仅在CK_Cf_B和Cf_B及MM_B和Cf_B比较组中共有的激素相关基因,需要进一步挖掘其在Cf-16与叶霉菌互作中的功能。总之,不同研究之间的差异表明,不同的Cf基因与叶霉菌互作所涉及的植物激素可能有差异且在不同条件和不同时间点下也会有不同表现。挖掘Cf-16介导的对叶霉菌的防御系统中SA和JA信号通路的关系以及与其他Cf基因的紧密联系是十分关键的。

附　录

附表 1　试验所需的引物

SSR 引物	上游引物序列(5′—3′)	下游引物序列(5′—3′)	染色体
TGS2236	TGGTGGCCTGGTTTAGACTC	GCAAAACTGAACCAAAATGC	6
TES628	GTCTCCTCGTTTATCCACGCT	TTCTCCACTTATGTGATTATACTGGG	6
TGS149	GTTTCGTCAGTTGTTAAAAGTTGAAA	TGAAGCATTGGCTCAAAGAA	6
TES428	GAGGGGGATGAAGTAGAGGC	TCCGACAGTGCAAAGTTCAG	6
TGS2204	GCCTTGACTTTTGCAGCCAACA	AAATAGCAAACAAACTTACTCGAAAA	6
TES111	ATCTCCTTGGCCTCCTGTTT	GTCATGGCCACATGAATACG	6
TES1873	GTGTTCAAATTTGGTTTGGGC	AAAACCGCCAGGATATAGGC	6
TGS230	GAAGCTGATGAACCCAGCAAT	CACATGTTTTGCATTTTTGTTG	6
TGS919	TACTTATGTTCAAGGGGCCG	GGCAATTAGTGCATTCCGAT	6
TGS3509	CAAAGTTCATTTGGGGGATG	GAGCATCATCAAAATGCCTCA	6
TGS2108	GTGTGTGTCGGCGTGCTTACTC	TTGGGCAATGAAGAAGGAAG	6
SSR48	ATCTCCTTGGCCTCCTGTTT	GTCATGGCCACATGAATACG	6
SSR47	TCCTCAAGAAATGAAGCTCTGA	CCTTGGAGATAACAACCACAA	6
TGS2102	TGATCATTGAGTTTTCTCCCTTC	GGGAATGTCAAGAGTGTTGGA	6

续表

SSR 引物	上游引物序列(5'—3')	下游引物序列(5'—3')	染色体
TES924	TTGCAGATTGAGTCACGACA	GGCCCATCATTGTTTTCAAG	6
TGS917	TGATGAAGCCCCTCAAGTTT	GTTGCGGTTCATGGGTAGAT	6
TGS871	GTTCCTTGAACCAAACAAGCTC	TAGAATCCTTGTTTTGGCGG	6
TGS2480	GACCTGCCTCATTTCCTTTCA	ATCGATGAAAACCATTCGGA	6
SSR128	GGTCCAGTTCAATCAACCGA	TGAAGTCGTCTCATGGTTCG	6
TGS330	GCAATGCGATAGTCTTCATGTCA	AAGTTTGTATTCGATTCACCCA	6
TGS447	GATCCAAGGTTGGTTGCTTTG	CTTGGATGAGAAACCCCTGA	6
TES312	GCTCTTCCCAACCACCAATA	AAAGCCCTATTGGCCCTAGA	6
TGS1863	GATGCTCAATAGCACAAGCCA	TTTTGTCCCTTTTTAGTGCGA	6
TES1743	GAGTGTCTCGATCTCGCACCT	CCATGTGTCCAACCTTTTCC	6
TGS2216	GAGGCTTCTAGCTCTGCCCTC	TTGAATTGGCTCTGGGTCTCC	6
TGS3083	GTCTCCAACGAAAAGAGGAGAA	TGGATGAGCTTGACATTCCA	6
TGS266	GTGTAAGCAACCGCCATGTTA	TTTCGATTTAGGTGAACACGA	6
TGS862	GTATGCAGTGCGGAAGTCAAG	CATATACTCAGGGGCGCGGAGA	6
TGS2907	TTCACCTCGGTTCAAACTCA	GCAAAGCACAACAAGACCAA	6

续表

SSR 引物	上游引物序列(5′—3′)	下游引物序列(5′—3′)	染色体
TES157	CAGAAAACTCCAGTTCCCCA	GGGGTATTCCTAACAATAATCTGG	6
TES502	AGGTTGAAAAGCAGCAAGGA	GTGCAACGTCGAAAGTGAAG	6
TES1094	GCAACGTCATCTTCTCTCTTCCC	ATGCCAAGAAAATGGTGGAA	6
TGS3054	GCACACTGACTCCGATTTCGTT	ACTTCCTTCCTATTGACCCAA	6
TES449	GTCTCATTTGCTTAATTTCTTCTCC	CATCCCTCATTGCATCACTC	6
TES1190	GACATCCAAACATGCTGGACA	AAGGAAATTGCACCGTCAAC	6
TES292	GTCTGCACCAAAAGAATCAATCA	AAGCTCTTTTGTGGGCTGAG	6
TES1179	GCCAATCGCTAAATCCGCTTA	CACCAAGCCTCCTAATGCTG	6
TGS760	GAAGAGAAACTGAGCAAGGGAAGA	TTTTCAGTCATCTCTCCCGC	6
TES550	GGAAGAACAAACCCCCATTT	AGAGGTTTTTCCATCCCCAAT	6
TES752	GAATGACTCGGTGCATGTTG	ATTTACGCGCCATTTGAAACC	6
TES211	GTTTGCTTCAATTGTATATGTATAGCG	AGTTGACTCAGTGCCCGACT	6
TES298	GTTTTCAAGCCAAATGGTCGT	TGCGGTGGATATGAATTTGA	6
TGS3469	GAACATTTCTGAAACGGTGGG	CCAAAATTCAGCCCTTTGAG	6
TES94	GATGTGTGAGGCGTTGTTTGA	TTTTGCTATCATTCACATATTTCTTT	6

续表

SSR 引物	上游引物序列 (5'—3')	下游引物序列 (5'—3')	染色体
TGS1094	GCTGCTAAGCGAATCAAGTGC	TGCCCATTGAACTCTCTGTGC	6
TES870	CGTACCGACGCTGTATCATGG	GTTTTGCCTCAAGAAGGTGC	6
TES702	GATCCACCACCTCTCTCTCG	AATTCCAGTACGCGCGAAGAA	6
TES1469	GCTCTGCCGTGGACTTTATCC	AAATGGGAGTCCCGTCTTCT	6
TES335	TAATTGGGCTGCAAGAAAGG	GCCGTTTTACAATTAGGGCCA	6
TGS2253	GCAAAGCTTTAAGTAGTGGCG	TTCTTCACATTGTTTTTGGTGAA	6
TGS2372	GTTTGCTTTTCGGATTTGGAC	CGTAAACAAAGGGGAAGCAC	6
TGS467	GATATGAATCGGGTTGGCTTG	CGTCCATCTTGTTGGCTCTT	6
SSR128	GCTCCAGTTCAAATCAACCGA	TGAAGTCGTCTCATGGTTCG	6
TES355	GAGGCAGATATCAGCGATGG	CATGAACTCTTGGCGGGATTT	6
TGS892	GGTCCCGTACCTCTTTTTCCC	AGGCATAGCGGCTGAGATAGA	6
TGS228	GTCCTTTCTTGTCAAGCAGCC	TGGACCACACAAAAGTTCCA	6
TES1041	GCCTTCTCCCACTGAACCCTA	CTTCACGAACCTCTTCGGAC	6
TES1805	GATGCAAATTCAGGGGATTCA	CAAATGAAATCAAAATGCTTCC	6

附表 2　植物与病原菌互作通路中的上调差异表达基因

基因 ID	基因注释	log₂ FC	
		CK_Cf_A 和 Cf_A	CK_MM_A 和 MM_A
101055527	calcium-dependent protein kinase	3.48	2.95
101245711	calcium-binding protein CML	8.41	3.13
544043	pathogenesis-related genes transcriptional activator PTI6	1.88	1.17
101251749	calmodulin	2.65	1.69
544123	pathogenesis-related protein 1	4.63	2.38
543942	calcium-binding protein CML	7.99	4.02
101268780	WRKY transcription factor 1	7.73	5.68
101248996	WRKY transcription factor 33	7.01	3.74
101258361	WRKY transcription factor 2	6.75	4.04
101265539	interleukin-1 receptor-associated kinase 1	6.14	2.38
101257927	calcium-binding protein CML	5.97	2.89
104644839	leucine-rich repeat protein SHOC2	5.86	3.68
543900	EIX receptor 1/2	5.20	4.44
101265138	calcium-binding protein CML	5.10	2.33
101249495	calcium-dependent protein kinase	5.03	2.85

续表

基因 ID	基因注释	log$_2$ FC	
		CK_Cf_A 和 Cf_A	CK_MM_A 和 MM_A
101259138	calcium-binding protein CML	4.78	2.47
104644838	leucine-rich repeat protein SHOC2	4.54	3.57
101255316	EIX receptor 1/2	4.38	3.00
104645857	LRR receptor-like serine/threonine-protein kinase FLS2	4.35	3.28
101250219	cyclic nucleotide gated channel, plant	4.09	3.41
101261141	disease resistance protein RPM1	4.09	2.58
100736444	disease resistance protein RPM1	3.86	2.73
100191111	pathogenesis-related protein 1	3.38	2.70
101257064	LRR receptor-like serine/threonine-protein kinase FLS2	3.33	2.45
101257866	pathogen-induced protein kinase	2.89	1.92
101254274	pathogenesis-related genes transcriptional activator PTI6	2.25	2.06
101246812	WRKY transcription factor 33	5.99	4.44
101251005	interleukin-1 receptor-associated kinase 4	5.01	3.38

续表

基因ID	基因注释	$\log_2 FC$	
		CK_Cf_A 和 Cf_A	CK_MM_A 和 MM_A
101256817	calcium-binding protein CML	4.62	2.96
101255379	calcium-dependent protein kinase	2.62	1.47
BGI_novel_G000519	chitin elicitor receptor kinase 1	2.62	1.52
101253178	disease resistance protein RPM1	2.42	—
109120689	disease resistance protein RPM1	2.94	—
BGI_novel_G001591	disease resistance protein RPM1	2.83	—

附表 3 植物激素信号传导通路中的上调差异表达基因

基因ID	基因注释	$\log_2 FC$	
		CK_Cf_A 和 Cf_A	CK_MM_A 和 MM_A
101249794	protein phosphatase 2C	3.71	1.64
101261835	protein phosphatase 2C	2.55	1.13
101247936	jasmonate ZIM domain-containing protein	2.90	2.44
100037510	serine/threonine-protein kinase SRK2	1.98	1.82
101253982	transcription factor TGA	2.04	1.04
101245668	xyloglucan: xyloglucosyl transferase TCH4	5.83	1.69

续表

基因 ID	基因注释	log₂ FC	
		CK_Cf_A 和 Cf_A	CK_MM_A 和 MM_A
100037501	ATP-dependent RNA helicase DDX47/RRP3	2.50	1.72
100134911	jasmonate ZIM domain-containing protein	3.14	3.03
100191111	pathogenesis-related protein 1	3.38	2.70
101246381	abscisic acid receptor PYR/PYL family	3.79	2.25
101247146	ubiquitin carboxyl-terminal hydrolase 7	4.58	3.14
101248216	protein brassinosteroid insensitive 1	2.21	1.34
101255313	SAUR family protein	2.10	1.17
101257321	SAUR family protein	2.65	1.82
101258345	xyloglucan:xyloglucosyl transferase TCH4	8.84	6.91
101258926	xyloglucan:xyloglucosyl transferase TCH4	7.73	6.39
101262480	gibberellin receptor GID1	3.37	2.18
104645854	transcription factor TGA	4.87	1.20
104648957	SAUR family protein	3.80	3.25
543518	ethylene-insensitive protein 3	1.80	1.60
544101	xyloglucan: xyloglucosyl transferase	4.92	3.70
544123	pathogenesis-related protein 1	4.63	2.38

续表

基因 ID	基因注释	$\log_2 FC$	
		CK_Cf_A 和 Cf_A	CK_MM_A 和 MM_A
BGI_novel_G000650	SAUR family protein	3.73	1.60
BGI_novel_G001679	SAUR family protein	5.12	2.98
BGI_novel_G001690	ethylene receptor	4.51	2.80
544134	abscisic acid receptor PYR/PYL family	4.42	1.42
101267321	DELLA protein	2.69	1.50
109118687	disease resistance protein	2.34	0.84
101258707	gibberellin receptor GID1	2.17	0.93
101265119	gibberellin 2-oxidase	2.01	0.17
101250172	transcription factor TGA	4.42	—
101253982	transcription factor TGA	2.04	1.04

附表 4　植物与病原菌互作通路中的上调差异表达基因

基因 ID	基因注释	$\log_2 FC$	
		CK_Cf_A 和 Cf_A	MM_A 和 Cf_A
101246100	putative ATPase	2.22	4.99
101251989	disease resistance protein	1.44	2.36

续表

基因ID	基因注释	log$_2$FC	
		CK_Cf_A 和 Cf_A	MM_A 和 Cf_A
101253178	disease resistance protein RPM1	2.42	4.89
101250668	putative ATPase	1.83	6.13
101251339	putative ATPase	3.41	6.78
101252423	LRR receptor – like serine/threonine – protein kinase FLS2	1.06	11.01
101253568	disease resistance protein RPS2	1.61	3.28
101256988	glucosamine—fructose – 6 – phosphate aminotransferase(isomerizing)	1.74	5.88
101263364	putative ATPase	3.26	7.32
101263890	tubulin-folding cofactor B	1.26	2.13
101265119	gibberellin 2-oxidase	2.01	3.45
104646013	glucosamine—fructose – 6 – phosphate aminotransferase(isomerizing)	2.18	7.40
104646849	glucosamine—fructose – 6 – phosphate aminotransferase(isomerizing)	2.79	8.17
104648490	putative ATPase	2.09	4.23

续表

基因 ID	基因注释	$\log_2 FC$	
		CK_Cf_A 和 Cf_A	MM_A 和 Cf_A
104649101	glucosamine—fructose-6-phosphate aminotransferase (isomerizing)	2.55	7.17
109118687	disease resistance protein	2.34	1.61
109119483	oligoribonuclease	2.09	3.22
109120295	vacuolar protein sorting-associated protein 13A/C	1.99	4.58
109120689	disease resistance protein RPM1	2.94	5.15
109121092	LRR receptor-like serine/threonine-protein kinase FLS2	3.45	2.36
109121288	gibberellin 2-oxidase	1.81	2.42
BGI_novel_G000518	chitin elicitor receptor kinase 1	5.86	2.13
BGI_novel_G001085	5′-AMP-activated protein kinase, catalytic alpha subunit	1.80	2.34
BGI_novel_G001112	lipoyl synthase	2.09	2.57
BGI_novel_G001591	disease resistance protein RPM1	2.83	2.76

附表 5　候选区间内基因的功能注释

基因	NR	Swiss-prot	KEGG
XM_004240689.3	PREDICTED: remorin [*Solanum lycopersicum*]	Remorin OS = *Solanum tuberosum* PE = 1 SV = 1	uncharacterized protein LOC7484383 isoform X1; K08360 cytochrome b-561
XM_004240687.3	PREDICTED: homeobox - leucine zipper protein HDG1 isoform X1 [*Solanum lycopersicum*] XP - 004240735.1/0.0e + 00/	Homeobox - leucine zipper protein HDG1 OS = *Arabidopsis thaliana* GN = *HDG1* PE = 2 SV = 1	homeobox-leucine zipper protein HDG1 isoform X2; K09338 homeobox-leucine zipper protein
XM_010323690.2	PREDICTED: homeobox - leucine zipper protein HDG1 isoform X1 [*Solanum lycopersicum*]	Homeobox - leucine zipper protein HDG1 OS = *Arabidopsis thaliana* GN = *HDG1* PE = 2 SV = 1	homeobox-leucine zipper protein HDG1 isoform X2; K09338 homeobox-leucine zipper protein
XM_004240685.3	PREDICTED: oxalate—CoA ligase isoform X1 [*Solanum lycopersicum*]	Oxalate—CoA ligase OS = *Arabidopsis thaliana* GN = *AAE3* PE = 1 SV = 1	oxalate—CoA ligase; K22133 oxalate—CoA ligase
XM_010323689.2	PREDICTED: oxalate—CoA ligase isoform X1 [*Solanum lycopersicum*]	Oxalate—CoA ligase OS = *Arabidopsis thaliana* GN = *AAE3* PE = 1 SV = 1	oxalate—CoA ligase; K22133 oxalate—CoA ligase

续表

基因	NR	Swiss-prot	KEGG
XM_004240686.3	PREDICTED: tubulin beta-1 chain-like [*Solanum pennellii*]	Tubulin beta-1 chain OS=*Lupinus albus* GN=*TUBB*1 PE=3 SV=1	tubulin beta-1 chain; K07375 tubulin beta
XM_004240684.3	PREDICTED: actin-depolymerizing factor 7 [*Solanum lycopersicum*]	Actin-depolymerizing factor 7 OS=*Arabidopsis thaliana* GN=*ADF7* PE=2 SV=1	actin-depolymerizing factor 7; K05765 cofilin
XM_004240682.3	PREDICTED: DNA-directed RNA polymerase III subunit RPC3 [*Solanum lycopersicum*]	NA	DNA-directed RNA polymerase III subunit RPC3 isoform X1; K03023 DNA-directed RNA polymerase III subunit RPC3
XM_004240681.3	PREDICTED: 60S ribosomal protein L36-2 [*Solanum lycopersicum*]	60S ribosomal protein L36-2 OS=*Arabidopsis thaliana* GN=*RPL36B* PE=3 SV=1	60S ribosomal protein L36-2; K02920 large subunit ribosomal protein L36e
XM_019214547.1	PREDICTED: uncharacterized protein LOC101264223 isoform X1 [*Solanum lycopersicum*]	NA	uncharacterized protein LOC109780424 isoform X1; K01309 ubiquitin carboxyl-terminal hydrolase MINDY-1/2

续表

基因	NR	Swiss-prot	KEGG
XM_019214548.1	XP_019070093.1/3.9e-221/ PREDICTED: uncharacterized protein LOC101264223 isoform X2 [Solanum lycopersicum]	NA	uncharacterized protein LOC109780424 isoform X1; K01309 ubiquitin carboxyl-terminal hydrolase MINDY-1/2
XM_019214549.1	PREDICTED: uncharacterized protein LOC102598349 isoform X1 [Solanum tuberosum]	NA	NA
XM_004240680.3	PREDICTED: SKP1-like protein 21 isoform X1 [Solanum lycopersicum]	SKP1-like protein 21 OS = Arabidopsis thaliana GN = ASK21 PE=2 SV=1	SKP1-like protein 21 isoform X1; K03094 S-phase kinase-associated protein 1
XM_004240679.3	PREDICTED: SKP1-like protein 21 isoform X1 [Solanum lycopersicum]	SKP1-like protein 21 OS = Arabidopsis thaliana GN = ASK21 PE=2 SV=1	SKP1-like protein 21; K03094 S-phase kinase-associated protein 1
XM_010323688.2	PREDICTED: mitogen-activated protein kinase kinase kinase YODA [Solanum lycopersicum]	Mitogen-activated protein kinase kinase kinase YODA OS = Arabidopsis thaliana GN = YDA PE=1 SV=1	mitogen-activated protein kinase kinase YODA; K20717 mitogen-activated protein kinase kinase YODA

续表

基因	NR	Swiss-prot	KEGG
XM_004240678.3	PREDICTED: mitogen - activated protein kinase kinase kinase YODA [Solanum lycopersicum]	Mitogen - activated protein kinase kinase kinase YODA OS = Arabidopsis thaliana GN = YDA PE = 1 SV = 1	mitogen - activated protein kinase kinase kinase YODA; K20717 mitogen - activated protein kinase kinase kinase YODA
XM_004240677.3	PREDICTED: putative transporter arsB [Solanum lycopersicum]	Silicon efflux transporter LSI3 OS = Oryza sativa subsp. japonica GN = LSI3 PE = 2 SV = 1	NA
XM_004240676.3	PREDICTED: uncharacterized protein LOC101263030 [Solanum lycopersicum]	Protein SRC2 homolog OS = Arabidopsis thaliana GN = SRC2 PE = 1 SV = 1	BAHD acyltransferase DCR; K19747 BAHD acyltransferase [EC:2.3.1.-]
XM_004240675.3	-PREDICTED: DETOXIFICATION 35 - like protein [Solanum pennellii]	Protein DETOXIFICATION 34 OS =Arabidopsis thaliana GN = DTX34 PE = 2 SV = 1	protein DETOXIFICATION 35 - like; K03327 multidrug resistance protein, MATE family
XM_004240674.3	PREDICTED: DETOXIFICATION 35 - like protein [Solanum pennellii]	Protein DETOXIFICATION 35 OS =Arabidopsis thaliana GN = DTX35 PE = 1 SV = 1	protein DETOXIFICATION 35 - like; K03327 multidrug resistance protein, MATE family

续表

基因	NR	Swiss-prot	KEGG
XM_004240741.1	PREDICTED: uncharacterized protein LOC101263031 [Solanum lycopersicum]	NA	uncharacterized protein LOC103955850; K17604 zinc finger SWIM domain-containing protein 3
XM_019214266.1	PREDICTED: uncharacterized protein LOC109120456 [Solanum lycopersicum]	NA	wall-associated receptor kinase 3-like isoform X1; K04733 interleukin-1 receptor-associated kinase 4
XM_004240673.3	PREDICTED: scarecrow-like protein 8 [Solanum lycopersicum]	Scarecrow-like protein 8 OS = Arabidopsis thaliana GN=SCL8 PE=2 SV=1	K14777 ATP-dependent RNA helicase DDX47/RRP3
XM_019214267.1	PREDICTED: transcription initiation factor TFIID subunit 13-like, partial [Solanum lycopersicum]	Transcription initiation factor TFIID subunit 13 OS = Arabidopsis thaliana GN=TAF13 PE=1 SV=1	transcription initiation factor TFIID subunit 13-like; K03127 transcription initiation factor TFIID subunit 13
XM_010323686.2	PREDICTED: uncharacterized protein LOC101260648 [Solanum lycopersicum]	NA	NA

续表

基因	NR	Swiss-prot	KEGG
NM_001247419.2	beta-carotene hydroxylase [*Solanum lycopersicum*]	NA	beta-carotene hydroxylase; K15746 beta-carotene 3-hydroxylase
XM_004240740.1	PREDICTED: uncharacterized protein LOC101261238 [*Solanum lycopersicum*]	NA	uncharacterized LOC100251030; K17604 zinc finger SWIM domain-containing protein 3
NM_001321563.1	heat shock protein 90 [*Solanum lycopersicum*]	Heat shock protein 83 OS = *Ipomoea nil* GN = HSP83A PE = 2 SV = 1	Hsp90; heat shock protein 90; K04079 molecular chaperone HtpG
XM_010323682.2	PREDICTED: protein REVEILLE 6 isoform X2 [*Solanum lycopersicum*]	Protein REVEILLE 6 OS = *Arabidopsis thaliana* GN = RVE6 PE = 2 SV = 1	protein LHY-like; K12133 MYB-related transcription factor LHY
XM_004240668.3	PREDICTED: protein REVEILLE 6 isoform X1 [*Solanum lycopersicum*]	Protein REVEILLE 6 OS = *Arabidopsis thaliana* GN = RVE6 PE = 2 SV = 1	LHY protein; K12133 MYB-related transcription factor LHY
XM_010323683.2	PREDICTED: protein REVEILLE 6 isoform X3 [*Solanum lycopersicum*]	sp | Q8H0W3 | RVE6_ARATH/8.7e-87/Protein REVEILLE 6 OS = *Arabidopsis thaliana* GN = RVE6 PE = 2 SV = 1	LHY protein; K12133 MYB-related transcription factor LHY

续表

基因	NR	Swiss-prot	KEGG
XM_010323684.2	PREDICTED: protein REVEILLE 6 isoform X4 [Solanum lycopersicum]	Protein REVEILLE 6 OS = Arabidopsis thaliana GN = RVE6 PE = 2 SV = 1	LHY protein; K12133 MYB-related transcription factor LHY
XM_004240667.3	PREDICTED: heavy metal - associated isoprenylated plant protein 3 [Solanum lycopersicum]	Heavy metal - associated isoprenylated plant protein 39 OS = Arabidopsis thaliana GN = HIPP39 PE = 2 SV = 1	probable LRR receptor-like serine/threonine-protein kinase At1g51880; K04733 interleukin - 1 receptor - associated kinase 4
XM_004240666.3	PREDICTED: uncharacterized protein LOC101259252 [Solanum lycopersicum]	Protein SAR DEFICIENT 4 OS = Arabidopsis thaliana GN = SARD4 PE = 1 SV = 1	NA
XM_004240665.3	PREDICTED: uncharacterized protein At3g49140 isoform X1 [Solanum lycopersicum]	Uncharacterized protein At3g49140 OS = Arabidopsis thaliana GN = At3g49140 PE = 1 SV = 2	probable cytosolic oligopeptidase A; K01414 oligopeptidase A
XM_019214423.1	PREDICTED: uncharacterized protein At3g49140 isoform X2 [Solanum lycopersicum]	Uncharacterized protein At3g49140 OS = Arabidopsis thaliana GN = At3g49140 PE = 1 SV = 2	probable cytosolic oligopeptidase A; K01414 oligopeptidase A

续表

基因	NR	Swiss-prot	KEGG
XM_010323736.1	PREDICTED: uncharacterized protein LOC104647892 [Solanum lycopersicum]	NA	uncharacterized protein LOC106406178; K00799 glutathione S-transferase
XM_004240664.3	PREDICTED: probable NADH dehydrogenase [ubiquinone] 1 alpha subcomplex subunit 5, mitochondrial [Solanum lycopersicum]	Probable NADH dehydrogenase [ubiquinone] 1 alpha subcomplex subunit 5, mitochondrial OS = Arabidopsis thaliana GN = At5g52840 PE = 1 SV = 1	probable NADH dehydrogenase [ubiquinone] 1 alpha subcomplex subunit 5, mitochondrial; K03949 NADH dehydrogenase (ubiquinone) 1 alpha subcomplex subunit 5
XM_019214214.1	PREDICTED: protein SGT1 homolog A-like [Solanum lycopersicum]	Protein SGT1 homolog OS = Oryza sativa subsp. japonica GN = SGT1 PE = 1 SV = 1	protein SGT1 homolog A - like; K12795 suppressor of G2 allele of SKP1
XM_004240662.3	PREDICTED: reticulon-like protein B6 [Solanum lycopersicum]	Reticulon - like protein B6 OS = Arabidopsis thaliana GN = RTNLB6 PE = 1 SV = 1	reticulon - like protein B2; K20723 reticulon-3
XM_004240738.3	PREDICTED: S-type anion channel SLAH2 [Solanum lycopersicum]	S-type anion channel SLAH3 OS = Arabidopsis thaliana GN = SLAH3 PE = 1 SV = 1	NA

续表

基因	NR	Swiss-prot	KEGG
XM_004240661.3	PREDICTED: probable membrane - associated kinase regulator 6 [Solanum lycopersicum]	Probable membrane - associated kinase regulator 6 OS = Arabidopsis thaliana GN = MAKR6 PE = 2 SV = 1	NA
XM_019214514.1	PREDICTED: LOW QUALITY PROTEIN: G-type lectin S-receptor-like serine/threonine-protein kinase At5g24080 [Solanum lycopersicum]	G - type lectin S - receptor - like serine/threonine - protein kinase At5g24080 OS = Arabidopsis thaliana GN = At5g24080 PE = 2 SV = 1	LOW QUALITY PROTEIN: G - type lectin S - receptor - like serine/threonine - protein kinase At5g24080; K04733 interleukin - 1 receptor - associated kinase 4
XM_010323676.2	PREDICTED: ABC transporter C family member 10 - like isoform X1 [Nicotiana attenuata]	ABC transporter C family member 10 OS = Arabidopsis thaliana GN = ABCC10 PE = 2 SV = 2	ABC transporter C family member 10 - like; K05666 ATP - binding cassette, subfamily C(CFTR/MRP), member 2
XM_019214268.1	PREDICTED: uncharacterized protein LOC109120457 [Solanum lycopersicum]	NA	uncharacterized protein LOC106406178; K00799 glutathione S-transferase [EC:2.5.1.18]

续表

基因	NR	Swiss-prot	KEGG
XM_010323735.1	PREDICTED: uncharacterized protein LOC104647891 [*Solanum lycopersicum*]	NA	NA
XM_004240659.3	PREDICTED: uncharacterized protein LOC101256780 isoform X1 [*Solanum lycopersicum*]	NA	NA
XM_019214434.1	PREDICTED: uncharacterized protein LOC101256780 isoform X2 [*Solanum lycopersicum*]	NA	NA
XM_010323674.2	PREDICTED: uncharacterized protein LOC104647851 [*Solanum lycopersicum*]	NA	uncharacterized protein LOC111904613; K14326 regulator of nonsense transcripts 1
XM_004240736.1	PREDICTED: uncharacterized protein LOC101258864 [*Solanum lycopersicum*]	Uncharacterized mitochondrial protein AtMg00310 OS = *Arabidopsis thaliana* GN = AtMg00310 PE = 4 SV = 1	uncharacterized protein LOC108995769; K20299 vacuolar protein sorting - associated protein 53

续表

基因	NR	Swiss-prot	KEGG
XM_010323673.2	PREDICTED: U4/U6 small nuclear ribonucleoprotein Prp3-like isoform X1 [*Solanum lycopersicum*]	Protein RDM16 OS = *Arabidopsis thaliana* GN = *RDM*16 PE = 2 SV = 1	protein RDM16-like isoform X1; K12843 U4/U6 small nuclear ribonucleoprotein PRP3
XM_019214412.1	PREDICTED: U4/U6 small nuclear ribonucleoprotein Prp3-like isoform X1 [*Solanum lycopersicum*]	Protein RDM16 OS = *Arabidopsis thaliana* GN = *RDM*16 PE = 2 SV = 1	protein RDM16-like isoform X1; K12843 U4/U6 small nuclear ribonucleoprotein PRP3
XM_019214269.1	PREDICTED: flowering time control protein FPA-like [*Solanum lycopersicum*]	Flowering time control protein FPA OS=*Arabidopsis thaliana* GN=*FPA* PE=1 SV=2	flowering time control protein FPA-like; K13201 nucleolysin TIA1/TIAR
XM_004240658.3	PREDICTED: uncharacterized protein LOC101256001 isoform X2 [*Solanum lycopersicum*]	NA	hypothetical protein; K00717 glycoprotein 6-alpha-L-fucosyltransferase [EC:2.4.1.68]
XM_010323670.2	PREDICTED: uncharacterized protein LOC101256001 isoform X1 [*Solanum lycopersicum*]	NA	hypothetical protein; K00717 glycoprotein 6-alpha-L-fucosyltransferase

续表

基因	NR	Swiss-prot	KEGG
XM_019214270.1	PREDICTED: uncharacterized protein LOC109120458 [*Solanum lycopersicum*]	NA	guncharacterized LOC105775510; K00963 UTP—glucose—1—phosphate uridylyltransferase [EC:2.7.7.9]
XM_004240656.3	PREDICTED: periaxin [*Solanum lycopersicum*]	Anther—specific proline—rich protein APG OS = *Arabidopsis thaliana* GN=*APG* PE=2 SV=2	probable polygalacturonase K01184 At3g15720; polygalacturonase [EC:3.2.1.15]
XM_010323669.2	PREDICTED: ribulose—1,5 bisphosphate carboxylase/oxygenase large subunit N—methyltransferase, chloroplastic [*Solanum lycopersicum*]	NA	ribulose—1,5 bisphosphate carboxylase/oxygenase large subunit N—methyltransferase, chloroplastic isoform X3; K19199 histone—lysine N—methyltransferase SETD3
XM_019214271.1	PREDICTED: LOW QUALITY PROTEIN: uncharacterized protein LOC109120459 [*Solanum lycopersicum*]	NA	NA

续表

基因	NR	Swiss-prot	KEGG
XM_010323668.2	PREDICTED: uncharacterized protein LOC101255405 isoform X1 [Solanum lycopersicum]	Ubiquitin domain - containing protein DSK2a OS = Arabidopsis thaliana GN = DSK2A PE = 1 SV = 2	LOW QUALITY PROTEIN: large proline - rich protein BAG6 - like; K08770 ubiquitin C
XM_004240655.3	PREDICTED: uncharacterized protein LOC101255405 isoform X1 [Solanum lycopersicum]	Ubiquitin domain - containing protein DSK2a OS = Arabidopsis thaliana GN = DSK2A PE = 1 SV = 2	LOW QUALITY PROTEIN: large proline - rich protein BAG6 - like; K08770 ubiquitin C
XM_010323666.2	PREDICTED: uncharacterized protein LOC101255405 isoform X1 [Solanum lycopersicum]	Ubiquitin domain - containing protein DSK2a OS = Arabidopsis thaliana GN = DSK2A PE = 1 SV = 2	LOW QUALITY PROTEIN: large proline - rich protein BAG6 - like; K08770 ubiquitin C
XM_010323667.2	PREDICTED: uncharacterized protein LOC101255405 isoform X2 [Solanum lycopersicum]	Ubiquitin domain - containing protein DSK2a OS = Arabidopsis thaliana GN = DSK2A PE = 1 SV = 2	LOW QUALITY PROTEIN: large proline - rich protein BAG6 - like; K08770 ubiquitin C

续表

基因	NR	Swiss-prot	KEGG
XM_010323733.1	PREDICTED: uncharacterized protein LOC104647889 [Solanum lycopersicum]	Putative ribonuclease H protein At1g65750 OS = Arabidopsis thaliana GN = At1g65750 PE = 3 SV = 1	kinesin-13A-like; K10393 kinesin family member 2/24
XM_004240654.3	PREDICTED: probable magnesium transporter NIPA9 [Solanum pennellii]	Probable magnesium transporter NIPA9 OS = Arabidopsis thaliana GN = At5g11960 PE = 2 SV = 1	probable magnesium transporter NIPA9 isoform X1; K22733 magnesium transporter
XM_010323729.1	PREDICTED: uncharacterized protein LOC104647885 [Solanum lycopersicum]	NA	uncharacterized protein LOC104807150 isoform X1; K18195 rhamnogalacturonan endolyase [EC: 4.2.2.23]
XM_004240730.1	PREDICTED: uncharacterized protein LOC101255892 [Solanum lycopersicum]	NA	kinesin-13A-like; K10393 kinesin family member 2/24

续表

基因	NR	Swiss-prot	KEGG
XM_004240729.1	PREDICTED: uncharacterized protein LOC101255598 [*Solanum lycopersicum*]	NA	nta:107828690/5.5e-19/kinesin-13A-like; K10393 kinesin family member 2/24
XM_010323727.1	PREDICTED: uncharacterized protein LOC104647883 [*Solanum lycopersicum*]	NA	probable LRR receptor-like serine/threonine-protein kinase RFK1 isoform X1; K04733 interleukin-1 receptor-associated kinase 4 [EC:2.7.11.1]
XM_019214272.1	PREDICTED: uncharacterized protein LOC101265443 [*Solanum lycopersicum*]	NA	(R)-mandelonitrile lyase 1-like; K08248 (R)-mandelonitrile lyase [EC:4.1.2.10]
XM_010323671.2	PREDICTED: LOW QUALITY PROTEIN: ankyrin repeat domain-containing protein 13B-like [*Solanum lycopersicum*]	NA	LOW QUALITY PROTEIN: ankyrin repeat domain-containing protein 13B-like; K21437 ankyrin repeat domain-containing protein 13

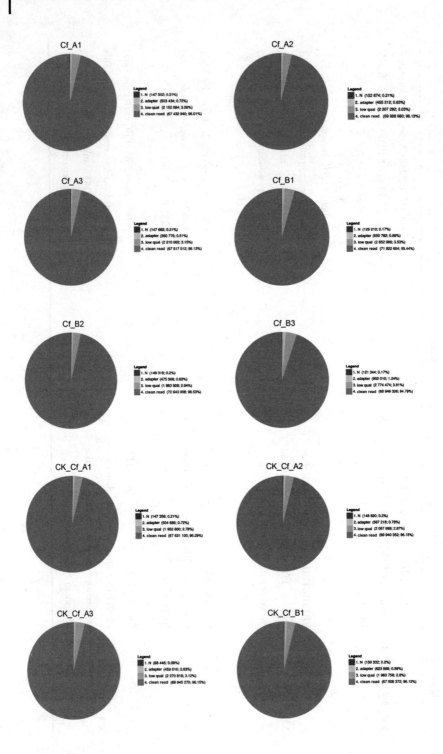

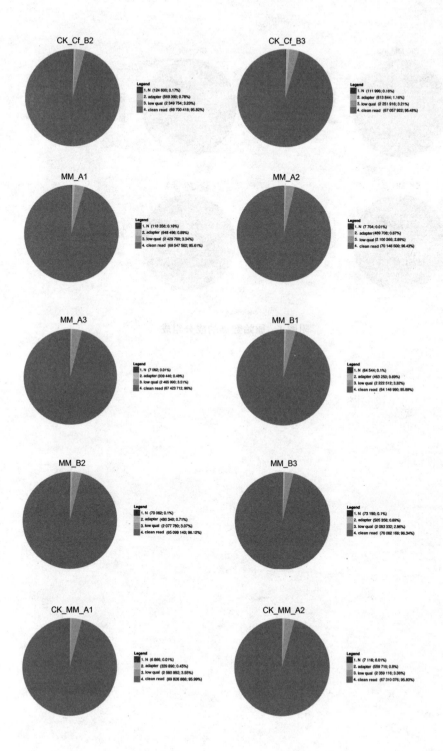

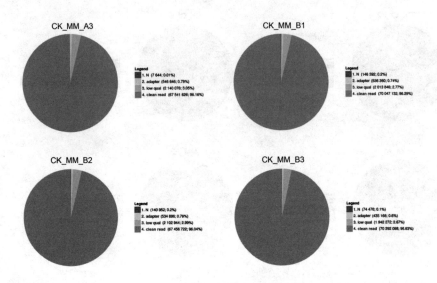

附图 1   原始数据的成分组成

参考文献

[1] 刘冠. 番茄抗叶霉病基因 *Cf*-10 的精细定位及抗病应答机制分析[D].
哈尔滨:东北农业大学,2018.

[2] 张环,柴敏,吴宝顺. 北京市主要菜区番茄叶霉病菌寄生性分化的初步
研究——番茄抗叶霉病育种的预备试验[J]. 蔬菜,1985(5):2-7.

[3] 张环,柴敏. 北京市番茄叶霉病菌小种再分化的研究[J]. 中国蔬菜,
1992(2):1-3.

[4] 柴敏,张环. 北京地区番茄叶霉病菌生理小种及分化规律的研究[J].
华北农学报,1999(3):113-118.

[5] 柴敏,于拴仓,丁云花,等. 北京地区番茄叶霉病菌致病性分化新动态
[J]. 华北农学报,2005(2):97-100.

[6] 李桂英,李景富,李永镐,等. 东北三省番茄叶霉病生理小种分化的初步
研究[J]. 东北农业大学学报,1994(2):122-125.

[7] 吕晓梅. 野生番茄感染叶霉菌后生化性状的变化及其抗病机制的初步
研究[D]. 哈尔滨:东北农业大学,2001.

[8] 孟凡娟,许向阳,李景富,等. 东北三省新的番茄叶霉病菌生理小种分化
初报[J]. 中国蔬菜,2006(1):21-23.

[9] 李春霞,许向阳,康立功,等. 2006~2007 年东北三省番茄叶霉病菌生理
小种变异的监测[J]. 中国蔬菜,2009(2):42-45.

[10] LI S,ZHAO T T,LI H J,et al. First report of races 2.5 and 2.4.5 of
Cladosporium fulvum (syn. *Passalora fulva*),causal fungus of tomato leaf
mold disease in China[J]. Journal of General Plant Pathology,2015,81

(2):162-165.

[11] 刘维志,王彩霞,冯桂芳,等. 莱阳地区番茄叶霉病菌生理小种鉴定[J]. 莱阳农学院学报,2003(3):178-179.

[12] 梁晨,赵洪海,李宝笃,等. 寿光及莱阳地区番茄叶霉病菌生理小种鉴定[J]. 莱阳农学院学报,2006,23(2):103-104.

[13] 徐月琴. 温室番茄叶霉病发生及防治技术[J]. 农村科技,2014(7):44-45.

[14] 钟力华. 番茄叶霉病与灰霉病防治方法[J]. 农民致富之友,2013(9):83.

[15] 李宁. 番茄叶霉病抗病基因 *Cf*-10 和 *Cf*-16 分子标记的研究及抗性种质资源的筛选[D]. 哈尔滨:东北农业大学,2010.

[16] LANGFORD A N. The parasitism of *Cladosporium fulvum* Cooke and the genetics of resistance to it[J]. Canadian Journal of Research,1937,15c(3):108-128.

[17] BALINT-KURTI P J,DIXON M S,JONES D A,et al. RFLP linkage analysis of the *Cf*-4 and *Cf*-9 genes for resistance to *Cladosporium fulvum* in tomato [J]. Theoretical and Applied Genetics, 1994, 88 (6-7):691-700.

[18] JONES D A. Two complex resistance loci revealed in tomato by classical and RFLP mapping of the *Cf*-2,*Cf*-4,*Cf*-5,and *Cf*-9 genes for resistance to *Cladosporium fulvum*[J]. Molecular Plant-Microbe Interactions,1993,6(3):348-357.

[19] GRUSHETSKAYA Z E,LEMESH V A,KILCHEVSKIJ A V,et al. Creation of molecular markers of resistance genes to tomato cladosporium disease [J]. Proceedings of the National Academy of Sciences of Belarus,2007(3):23-27.

[20] WANG A,MENG F,XU X,et al. Development of molecular markers linked to *Cladosporium fulvum* resistant gene *Cf*-6 in tomato by RAPD and SSR

methods［J］. Hortscience a Publication of the American Society for Horticultural Science,2007,42(1):11-15.

［21］ KANWAR J S,HARNEY P M,KERR E A. Allelic relationships of genes for resistance to tomato leaf mold, *Cladosporium fulvum* Cke［J］. Hortscience,1980,15(3):418.

［22］ JONES D A,THOMAS C M,HAMMOND-KOSACK K E,et al. Isolation of the tomato *Cf-9* gene for resistance to *Cladosporium fulvum* by transposon tagging［J］. Science,1994,266(5186):789-793.

［23］ LIU G,ZHAO T T,YOU X Q,et al. Molecular mapping of the *Cf-10* gene by combining SNP/InDel-index and linkage analysis in tomato(*Solanum lycopersicum*)［J］. BMC Plant Biology,2019,19(1):1-11.

［24］ 许向阳. 番茄叶霉病抗病基因 *Cf-11*、*Cf-19* 的分子标记研究［D］. 哈尔滨:东北农业大学,2007.

［25］ 薛东齐. 番茄抗叶霉病 *Cf-12* 候选基因的筛选及抗性应答机制分析［D］. 哈尔滨:东北农业大学,2017.

［26］ ZHAO T T,JIANG J B,LIU G,et al. Mapping and candidate gene screening of tomato *Cladosporium fulvum*-resistant gene *Cf-19*, based on high-throughput sequencing technology［J］. BMC Plant Biology, 2016, 16(1):51.

［27］ ZHAO T T,LIU W H,ZHAO Z T,et al. Transcriptome profiling reveals the response process of tomato carrying *Cf-19* and *Cladosporium fulvum* interaction［J］. BMC Plant Biology,2019,19(1):1-12.

［28］ KRUIJT M,DE KOCK M J D,DE WIT P J G M. Receptor-like proteins involved in plant disease resistance［J］. Molecular Plant Pathology,2005,6(1):85-97.

［29］ SEEAR P J,DIXON M S. Variable leucine-rich repeats of tomato disease resistance genes *Cf-2* and *Cf-5* determine specificity［J］. Molecular Plant Pathology,2003,4(3):199-202.

[30] RIVAS S,THOMAS C M. Molecular interactions between tomato and the leaf mold pathogen *Cladosporium fulvum* [J]. Annual Review Phytopathology,2005,43(1):395-436.

[31] VAN DEN HOOVEN H W, VAN DEN BURG H A, VOSSEN P, et al. Disulfide bond structure of the AVR9 elicitor of the fungal tomato pathogen *Cladosporium fulvum*: evidence for a cystine knot[J]. Biochemistry,2001, 40(12):3458-3466.

[32] WULFF B B H,THOMAS C M,SMOKER M,et al. Domain swapping and gene shuffling identify sequences required for induction of an Avr - dependent hypersensitive response by the tomato Cf-4 and Cf-9 proteins [J]. The Plant Cell,2001,13(2):255-272.

[33] VAN KAN J A L, VAN DEN ACKERVEKEN G, DE WIT P. Cloning and characterization of cDNA of avirulence gene *Avr*9 of the fungal pathogen *Cladosporium fulvum*, causal agent of tomato leaf mold [J]. Molecular Plant-Microbe Innteractions,1991,4:52-59.

[34] VAN DEN ACKERVEKEN G, VAN KAN J A L, JOOSTEN M, et al. Characterization of two putative pathogenicity genes of the fungal tomato pathogen *Cladosporium fulvum*[J]. Molecular Plant-Microbe Interactions, 1993,6(2):210-215.

[35] JOOSTEN M H A J,COZIJNSEN T J,DE WIT P J G M. Host resistance to a fungal tomato pathogen lost by a single base-pair change in an avirulence gene[J]. Nature,1994,367(6461):384-386.

[36] LAUGÉ R,JOOSTEN M H A J,VAN DEN ACKERVEKEN G F J M,et al. The in planta - produced extracellular proteins ECP1 and ECP2 of *Cladosporium fulvum* are virulence factors[J]. Molecular Plant-Microbe Interactions,1997,10(6):725-734.

[37] LAUGÉ R, DE WIT P J G M. Fungal avirulence genes: structure and possible functions [J]. Fungal Genetics and Biology, 1998, 24 (3):

285-297.

[38] LAUGÉ R, GOODWIN P H, DE WIT P J G M, et al. Specific HR-associated recognition of secreted proteins from *Cladosporium fulvum* occurs in both host and non-host plants[J]. The Plant Journal, 2000, 23(6): 735-745.

[39] LUDERER R, TAKKEN F L W, DE WIT P J G M, et al. *Cladosporium fulvum* overcomes *Cf-2*-mediated resistance by producing truncated AVR2 elicitor proteins[J]. Molecular Microbiology, 2002, 45(3): 875-884.

[40] WESTERINK N, BRANDWAGT B F, DE WIT P J G M, et al. *Cladosporium fulvum* circumvents the second functional resistance gene homologue at the *Cf-4* locus(*Hcr9-4E*)by secretion of a stable avr4E isoform[J]. Molecular Microbiology, 2004, 54(2): 533-545.

[41] STERGIOPOULOS I, DE KOCK M J D, LINDHOUT P, et al. Allelic variation in the effector genes of the tomato pathogen *Cladosporium fulvum* reveals different modes of adaptive evolution[J]. Molecular Plant-Microbe Interactions, 2007, 20(10): 1271-1283.

[42] BOLTON M D, VAN ESSE H P, VOSSEN J H, et al. The novel *Cladosporium fulvum* lysin motif effector Ecp6 is a virulence factor with orthologues in other fungal species[J]. Molecular Microbiology, 2008, 69 (1): 119-136. .

[43] KOOMAN-GERSMANN M, VOGELSANG R, HOOGENDIJK E C M, et al. Assignment of amino acid residues of the AVR9 peptide of *Cladosporium fulvum* that determine elicitor activity [J]. Molecular Plant-Microbe Interactions, 1997, 10(7): 821-829.

[44] WILSON R J, BAILLIE B K, JONES D A. ER retrieval of Avr9 compromises its elicitor activity consistent with perception of Avr9 at the plasma membrane[J]. Molecular Plant Pathology, 2005, 6(2): 193-197.

[45] JOOSTEN M H, VOGELSANG R, COZIJNSEN T J, et al. The biotrophic

fungus *Cladosporium fulvum* circumvents *Cf* – 4 – mediated resistance by producing unstable AVR4 elicitors [J]. The Plant Cell, 1997, 9 (3): 367–379.

[46] KRÜGER J, THOMAS C M, GOLSTEIN C, et al. A tomato cysteine protease required for *Cf* – 2 – dependent disease resistance and suppression of autonecrosis[J]. Science, 2002, 296(5568): 744–747.

[47] ROONEY H C E, VAN'T KLOOSTER J W, VAN DER HOORN R A L, et al. *Cladosporium Avr*2 inhibits tomato Rcr3 protease required for *Cf* – 2 – dependent disease resistance[J]. Science, 2005, 308(5729): 1783–1786.

[48] SHABAB M, SHINDO T, GU C, et al. Fungal effector protein AVR2 targets diversifying defense – related cys proteases of tomato [J]. The Plant Cell, 2008, 20(4): 1169–1183.

[49] VAN DEN BURG H A, WESTERINK N, FRANCOIJS K J, et al. Natural disulfide bond – disrupted mutants of *AVR*4 of the tomato pathogen *Cladosporium fulvum* are sensitive to proteolysis, circumvent *Cf*–4–mediated resistance, but retain their chitin binding ability [J]. Journal of Biological Chemistry, 2003, 278(30): 27340–27346.

[50] VAN ESSE H P, BOLTON M D, STERGIOPOULOS I, et al. The chitin – binding *Cladosporium fulvum* effector protein Avr4 is a virulence factor[J]. Molecular Plant–Microbe Interactions, 2007, 20(9): 1092–1101.

[51] WESTERINK N, ROTH R, VAN DEN BURG H A, et al. The AVR4 elicitor protein of *Cladosporium fulvum* binds to fungal components with high affinity [J]. Molecular Plant–Microbe Interactions, 2002, 15(12): 1219–1227.

[52] MESARICH C H, GRIFFITHS S A, VAN DER BURGT A, et al. Transcriptome sequencing uncovers the *Avr*5 avirulence gene of the tomato leaf mold pathogen *Cladosporium fulvum* [J]. Molecular Plant – Microbe Interactions, 2014, 27(8): 846–857.

[53] JOOSTEN M H A J, DE WIT P J G M. The Tomato–*Cladosporium Fulvum*

interaction: a versatile experimental Swystem to study plant – pathogen interactions[J]. Annual Review of Phytopathology,1999,37(1):335-367.

[54] DE WIT P J G M. A light and scanning – electron microscopic study of infection of tomato plants by virulent and avirulent races of *Cladosporium fulvum* [J]. Netherlands Journal of Plant Pathology, 1977, 83 (3): 109-122.

[55] THOMMA B P H J, VAN ESSE H P, CROUS P W, et al. *Cladosporium fulvum*(syn. *Passalora fulva*), a highly specialized plant pathogen as a model for functional studies on plant pathogenic Mycosphaerellaceae[J]. Molecular Plant Pathology,2005,6(4):379-393.

[56] DE JONG C F, LAXALT A M, BARGMANN B O R, et al. Phosphatidic acid accumulation is an early response in the *Cf-4/Avr4* interaction[J]. The Plant Journal,2004,39(1):1-12.

[57] BLATT M R,Grabov A,Brearley J,et al. K$^+$ channels of *Cf-9* transgenic tobacco guard cells as targets for *Cladosporium fulvum Avr9* elicitor – dependent signal transduction [J]. The Plant Journal, 1999, 19 (4): 453-462.

[58] STERGIOPOULOS I, DE WIT P J G M. Fungal effector proteins[J]. Annual Review of Phytopathology,2009,47(1):233-263.

[59] HONG W, XU Y P, ZHENG Z, et al. Comparative transcript profiling by cDNA – AFLP reveals similar patterns of *Avr4/Cf – 4 –* and *Avr9/Cf – 9 –* dependent defence gene expression[J]. Molecular Plant Pathology,2007,8 (4):515-527.

[60] ZHU J W,XU Y P,ZHANG Z X,et al. Transcript profiling for *Avr4/Cf-4-* and *Avr9/Cf-9*-dependent defence gene expression[J]. European Journal of Plant Pathology,2008,122(2):307-314.

[61] NAKRASOV V, LUDWIG A A, JONES J D G. CITRX thioredoxin is a putative adaptor protein connecting Cf – 9 and the ACIK1 protein kinase

during the *Cf-9/Avr9*-induced defence response[J]. FEBS Letters,2006, 580(17):4236-4241.

[62] DURRANT W E,ROWLAND O,PIEDRAS P,et al. cDNA-AFLP reveals a striking overlap in race – specific resistance and wound response gene expression profiles[J]. The Plant Cell,2000,12(6):963-977.

[63] GONZÁLEZ-LAMOTHE R,Tsitsigiannis D I,Ludwig A A,et al. The U-box protein CMPG1 is required for efficient activation of defense mechanisms triggered by multiple resistance genes in tobacco and tomato [J]. The Plant Cell,2006,18(4):1067-1083

[64] YANG C W, GONZÁLEZ – LAMOTHE R, EWAN R A, et al. The E3 ubiquitin ligase activity of *Arabidopsis* PLANT U-BOX17 and its functional tobacco homolog ACRE276 are required for cell death and defense[J]. The Plant Cell,2006,18(4):1084-1098.

[65] VAN DEN BURG H A,TSITSIGIANNIS D I,ROWLAND O,et al. The F-box protein ACRE189/ACIF1 regulates cell death and defense responses activated during pathogen recognition in tobacco and tomato[J]. The Plant Cell,2008,20(3):697-719.

[66] PEART J R,LU R,SADANANDOM A,et al. Ubiquitin ligase-associated protein SGT1 is required for host and nonhost disease resistance in plants [J]. Proceedings of the National Academy of Sciences,2002,99(16): 10865-10869.

[67] GABRIËLS S H E J,VOSSEN J H,EKENGRENS K,et al. An NB-LRR protein required for HR signalling mediated by both extra-and intracellular resistance proteins[J]. The Plant Journal,2007,50(1):14-28.

[68] GABRIËLS S H E J,TAKKEN F L W,VOSSEN J H,et al. cDNA-AFLP combined with functional analysis reveals novel genes involved in the hypersensitive response[J]. Molecular Plant-Microbe Interactions,2006, 19(6):567-576.

[69] BOLLER T, HE S Y. Innate immunity in plants: an arms race between pattern recognition receptors in plants and effectors in microbial pathogens [J]. Science,2009,324(5928):742-744.

[70] NÜERNBERGER T, LIPKA V. Non-host resistance in plants: new insights into an old phenomenon [J]. Molecular Plant Pathology, 2005, 6 (3): 335-345.

[71] GURURANI M A, VENKATESH J, UPADHYAYA C P, et al. Plant disease resistance genes: current status and future directions[J]. Physiological and Molecular Plant Pathology,2012,78:51-65.

[72] JONES J D G, DANGL J L. The plant immune system[J]. Nature,2006, 444(7117):323-329.

[73] THOMMA B P H J, NÜRNBERGER T, JOOSTEN M H A J. Of PAMPs and effectors: the blurred PTI-ETI dichotomy [J]. The Plant Cell, 2023, 15 (2):4-15.

[74] TAO Y, XIE Z Y, CHEN W Q. Quantitative nature of *Arabidopsis* responses during compatible and incompatible interaction with bacterial pathogen *Pseudomonas syringae*[J]. Plant Cell,2003,11:317-330.

[75] TSUDA K, SATO M, STODDARD T, et al. Network properties of robust immunity in plants[J]. PLoS Genetics,2009,5(12).

[76] TSUDA K, KATAGIRI F. Comparing signaling mechanisms engaged in pattern-triggered and effector-triggered immunity[J]. Current Opinion in Plant Biology,2010,13(4):459-465.

[77] DODDS P N, Rathjen J P. Plant immunity: towards an integrated view of plant-pathogen interactions[J]. Nature Reviews Genetics,2010,11(8): 539-548.

[78] BOLLER T, FELIX G. A renaissance of elicitors: perception of microbe-associated molecular patterns and danger signals by pattern-recognition receptors[J]. Annual Review of Plant Biology,2009,60(1):379-406.

[79] NÜRNBERGER T, BRUNNER F, KEMMERLING B, et al. Innate immunity in plants and animals: striking similarities and obvious differences [J]. Immunological Reviews, 2004, 198(1): 249-266.

[80] SCHWESSINGER B, RONALD P C. Plant innate immunity: perception of conserved microbial signatures [J]. Annual Review of Plant Biology, 2012, 63(1): 451-482.

[81] JIA Y, MCADAMS S A, BRYAN G T, et al. Direct interaction of resistance gene and avirulence gene products confers rice blast resistance [J]. The EMBO Journal, 2000, 19(15): 4004-4014.

[82] BRYAN G T, WU K S, FARRALL L, et al. A single amino acid difference distinguishes resistant and susceptible alleles of the rice blast resistance gene *Pi-ta* [J]. The Plant Cell, 2000, 12(11): 2033-2045.

[83] DODDS P N, LAWRENCE G J, CATANZARITI A M, et al. Direct protein interaction underlies gene-for-gene specificity and coevolution of the flax resistance genes and flax rust avirulence genes [J]. Proceedings of the National Academy of Sciences, 2006, 103(23): 8888-8893.

[84] CATANZARITI A M, DODDS P N, VE T, et al. The AvrM effector from flax rust has a structured C-terminal domain and interacts directly with the M resistance protein [J]. Molecular Plant-Microbe Interactions, 2010, 23(1): 49-57.

[85] 闫佳, 刘雅琼, 侯岁稳. 植物抗病蛋白研究进展 [J]. 植物学报, 2018, 53(2): 250-263.

[86] ZHU Z, XU F, ZHANG Y, et al. *Arabidopsis* resistance protein SNC1 activates immune responses through association with a transcriptional corepressor [J]. Proceedings of the National Academy of Sciences, 2010, 107(31): 13960-13965.

[87] CHANG C, YU D, JIAO J, et al. Barley MLA immune receptors directly interfere with antagonistically acting transcription factors to initiate disease

resistance signaling[J]. The Plant Cell,2013,25(3):1158-1173.

[88] INOUE H,HAYASHI N,MATSUSHITA A,et al. Blast resistance of CC-NB-LRR protein Pb1 is mediated by WRKY45 through protein-protein interaction[J]. Proceedings of the National Academy of Sciences,2013,110 (23):9577-9582.

[89] BELKHADIR Y,NIMCHUK Z,HUBERT D A,et al. *Arabidopsis* RIN4 negatively regulates disease resistance mediated by RPS2 and RPM1 downstream or independent of the NDR1 signal modulator and is not required for the virulence functions of bacterial type Ⅲ effectors AvrRpt2 or AvrRpm1[J]. The Plant Cell,2004,16(10):2822-2835.

[90] DAY B,DAHLBECK D,STASKAWICZ B J. NDR1 interaction with RIN4 mediates the differential activation of multiple disease resistance pathways in *Arabidopsis*[J]. The Plant Cell,2006,18(10):2782-2791.

[91] KIM S H,KWON S I,SAHA D,et al. Resistance to the *Pseudomonas syringae* effector HopA1 is governed by the TIR-NBS-LRR protein RPS6 and is enhanced by mutations in SRFR1[J]. Plant Physiology,2009,150 (4):1723-1732.

[92] WIERMER M,FEYS B J,PARKER J E. Plant immunity: the EDS1 regulatory node [J]. Current Opinion in Plant Biology, 2005, 8 (4): 383-389.

[93] CHANDRA-SHEKARA A C, NAVARRE D R, KACHROO A, et al. Signaling requirements and role of salicylic acid in HRT-and rrt-mediated resistance to turnip crinkle virus in *Arabidopsis*[J]. The Plant Journal, 2004,40(5):647-659.

[94] FLOR H H. Current status of the gene-for-gene concept[J]. Annual Review of Phytopathology,1971,9(1):275-296.

[95] LI Y,HUANG F,LU Y,et al. Mechanism of plant-microbe interaction and its utilization in disease-resistance breeding for modern agriculture[J].

Physiological and Molecular Plant Pathology,2013,83:51-58.

[96] SONG W Y,WANG G L,CHEN L L,et al. A receptor kinase-like protein encoded by the rice disease resistance gene,*Xa*21[J]. Science,1995,270 (5243):1804-1806.

[97] BÖHNERT H U,FUDAL I,DIOH W,et al. A putative polyketide synthase/ peptide synthetase from *Magnaporthe grisea* signals pathogen attack to resistant rice[J]. The Plant Cell,2004,16(9):2499-2513.

[98] VAN DER HOORN R A L,KAMOUN S. From guard to decoy: a new model for perception of plant pathogen effectors[J]. The Plant Cell,2008, 20(8):2009-2017.

[99] ZHOU J M,CHAI J. Plant pathogenic bacterial type III effectors subdue host responses [J]. Current Opinion in Microbiology, 2008, 11 (2): 179-185.

[100]JOHAL G S,BRIGGS S P. Reductase activity encoded by the *HM*1 disease resistance gene in maize[J]. Science,1992,258(5084):985-987.

[101]MARTIN G B, BROMMONSCHENKEL S H, CHUNWONGSE J, et al. Map-based cloning of a protein kinase gene conferring disease resistance in tomato[J]. Science,1993,262(5138):1432-1436.

[102]BORHAN M H,HOLUB E B,BEYNON J L,et al. The arabidopsis TIR- NB-LRR gene *RAC*1 confers resistance to *Albugo candida*(white rust) and is dependent on *EDS*1 but not *PAD4* [J]. Molecular Plant - Microbe Interactions,2004,17(7):711-719.

[103]LI W,ZHU Z,CHERN M,et al. A natural allele of a transcription factor in rice confers broad-spectrum blast resistance[J]. Cell,2017,170(1):114- 126.

[104]REDDY A C,VENKAT S,SINGH T H,et al. Isolation,characterization and evolution of NBS - LRR encoding disease - resistance gene analogs in eggplant against bacterial wilt[J]. European Journal of Plant Pathology,

2015,143(3):417-426.

[105]朱吉风. 菜豆普通细菌性疫病抗性基因精细定位与候选基因分析[D].
北京:中国农业科学院,2018.

[106]DANGL J L, JONES J D G. Plant pathogens and integrated defence responses to infection[J]. Nature,2001,411(6839):826-833.

[107]BOTELLA M A, PARKER J E, FROST L N, et al. Three genes of the *Arabidopsis RPP*1 complex resistance locus recognize distinct *Peronospora parasitica* avirulence determinants[J]. The Plant Cell, 1998, 10(11): 1847-1860.

[108]LAWRENCE G J, FINNEGAN E J, AYLIFFE M A, et al. The *L6* gene for flax rust resistance is related to the *Arabidopsis* bacterial resistance gene *RPS*2 and the tobacco viral resistance gene *N*[J]. The Plant Cell,1995,7 (8):1195-1206.

[109]CENTER P G E. The product of the tobacco mosaic virus resistance gene *N*: similarity to toll and the interleukin-1 receptor[J]. Cell,1994,73: 1101-1115.

[110]MINDRINOS M, KATAGIRI F, YU G L, et al. The A. thaliana disease resistance gene *RPS*2 encodes a protein containing a nucleotide-binding site and leucine-rich repeats[J]. Cell,1994,78(6):1089-1099.

[111]SALMERON J M, OLDROYD G E D, ROMMENS C M T, et al. Tomato *Prf* is a member of the leucine-rich repeat class of plant disease resistance genes and lies embedded within the Pto kinase gene cluster[J]. Cell, 1996,86(1):123-133.

[112]RYBKA K, MIYAMOTO M, NAKAMURA S, et al. An approach to cloning of *Pi-b* rice blast resistance gene[J]. Acta Physiologiae Plantarum,1997, 19(4):521-528.

[113]YOSHIMURA S, YAMANOUCHI U, KATAYOSE Y, et al. Expression of *Xa*1, a bacterial blight-resistance gene in rice, is induced by bacterial

inoculation[J]. Proceedings of the National Academy of Sciences,1998,95
(4):1663-1668.

[114]SHEN Q H,ZHOU F,BIERI S,et al. Recognition specificity and RAR1/
SGT1 dependence in barley *Mla* disease resistance genes to the powdery
mildew fungus[J]. The Plant Cell,2003,15(3):732-744.

[115]ZHOUF S,KURTH J,WEI F S,et al. Cell-autonomous expression of barley
*Mla*1 confers race-specific resistance to the powdery mildew fungus via a
Rar1-independent signaling pathway[J]. The Plant Cell,2001,13(2):
337-350.

[116]PERIYANNAN S, MOORE J, AYLIFFE M, et al. The gene *Sr*33, an
ortholog of barley *Mla* genes,encodes resistance to wheat stem rust race
Ug99[J]. Science,2013,341(6147):786-788.

[117]LIU W, FRICK M, HUEL R,et al. The stripe rust resistance gene *Yr*10
encodes an evolutionary-conserved and unique CC-NBS-LRR sequence in
wheat[J]. Molecular Plant,2014,7(12):1740-1755.

[118]SHEN K A,CHIN D B,ARROYO-GARCIA R,et al. *Dm*3 is one member
of a large constitutively expressed family of nucleotide binding site—
leucine-rich repeat encoding genes [J]. Molecular Plant – Microbe
Interactions,2002,15(3):251-261.

[119]WAN H,YUAN W,YE Q,et al. Analysis of TIR-and non-TIR-NBS-LRR
disease resistance gene analogous in pepper: characterization, genetic
variation, functional divergence and expression patterns [J]. BMC
Genomics,2012,13(1):502.

[120] DESLANDES L, OLIVIER J, THEULIÈRES F, et al. Resistance to
Ralstonia solanacearum in *Arabidopsis thaliana* is conferred by the recessive
*RRS*1 – *R* gene, a member of a novel family of resistance genes [J].
Proceedings of the National Academy of Sciences, 2002, 99 (4):
2404-2409.

[121] DIXON M S, JONES D A, KEDDIE J S, et al. The tomato *Cf*-2 disease resistance locus comprises two functional genes encoding leucine-rich repeat proteins[J]. Cell, 1996, 84(3): 451-459.

[122] THOMAS C M, JONES D A, PARNISKE M, et al. Characterization of the tomato *Cf*-4 gene for resistance to *Cladosporium fulvum* identifies sequences that determine recognitional specificity in *Cf*-4 and *Cf*-9[J]. The Plant Cell, 1997, 9(12): 2209-2224.

[123] DIXON M S, HATZIXANTHIS K, JONES D A, et al. The tomato *Cf*-5 disease resistance gene and six homologs show pronounced allelic variation in leucine-rich repeat copy number[J]. The Plant Cell, 1998, 10(11): 1915-1925.

[124] BIMOLATA W, KUMAR A, SUNDARAM R M, et al. Analysis of nucleotide diversity among alleles of the major bacterial blight resistance gene *Xa27* in cultivars of rice(*Oryza sativa*) and its wild relatives[J]. Planta, 2013, 238(2): 293-305.

[125] CHEN J Y, DAI X F. Cloning and characterization of the *Gossypium hirsutum* major latex protein gene and functional analysis in *Arabidopsis thaliana*[J]. Planta, 2010, 231(4): 861-873.

[126] HUNGER S, GASPERO G D, MÖHRING S, et al. Isolation and linkage analysis of expressed disease-resistance gene analogues of sugar beet(*Beta vulgaris* L.)[J]. Genome, 2003, 46(1): 70-82.

[127] BELFANTI E, SILFVERBERG-DILWORTH E, TARTARINI S, et al. The *HcrVf2* gene from a wild apple confers scab resistance to a transgenic cultivated variety[J]. Proceedings of the National Academy of Sciences, 2004, 101(3): 886-890.

[128] GE R C, CHEN G P, ZHAO B C, et al. Cloning and functional characterization of a wheat serine/threonine kinase gene(*TaSTK*) related to salt-resistance[J]. Plant Science, 2007, 173(1): 55-60.

[129] BUNDÓ M, COCA M. Enhancing blast disease resistance by overexpression of the calcium – dependent protein kinase *OsCPK*4 in rice [J]. Plant Biotechnology Journal,2016,14(6):1357-1367.

[130] KIM M H, KIM Y, KIM J W, et al. Identification of *Arabidopsis* BAK1 – associating receptor–like kinase 1 (BARK1) and characterization of its gene expression and brassinosteroid – regulated root phenotypes [J]. Plant and Cell Physiology,2013,54(10):1620-1634.

[131] SUN X, CAO Y, YANG Z, et al. *Xa*26, a gene conferring resistance to *Xanthomonas oryzae* pv. *oryzae* in rice, encodes an LRR receptor kinase – like protein[J]. The Plant Journal,2004,37(4):517-527.

[132] GUO L, GUO C, LI M, et al. Suppression of expression of the putative receptor–like kinase gene *NRRB* enhances resistance to bacterial leaf streak in rice[J]. Molecular Biology Reports,2014,41(4):2177-2187.

[133] XIAO S Y, ELLWOOD S, CALIS O, et al. Broad – spectrum mildew resistance in *Arabidopsis thaliana* mediated by *RPW*8[J]. Science,2001, 291(5501):118-120.

[134] JOHAL G S, BRIGGS S P. Reductase activity encoded by the *HM*1 disease resistance gene in maize[J]. Science,1992,258(5084):985-987.

[135] WANG C L, FAN Y L, ZHENG C K, et al. High–resolution genetic mapping of rice bacterial blight resistance gene *Xa*23 [J]. Molecular Genetics and Genomics,2014,289(5):745-753.

[136] WANG C L, ZHANG X P, FAN Y L, et al. XA23 is an executor R protein and confers broad–spectrum disease resistance in rice[J]. Molecular Plant, 2015,8(2):290-302.

[137] KRATTINGER S G, LAGUDAH E S, SPIELMEYER W, et al. A putative ABC transporter confers durable resistance to multiple fungal pathogens in wheat[J]. Science,2009,323(5919):1360-1363.

[138] BÜSCHGES R, HOLLRICHER K, PANSTRUGA R, et al. The barley *Mlo*

gene: a novel control element of plant pathogen resistance[J]. Cell,1997, 88(5):695-705.

[139] SANGER F, COULSON A, Friedmann T, et al. Nucleotide sequence of bacteriophage φX174 DNA[J]. Nature,1977,265(5596):687-695.

[140] SULTAN M, SCHULZ M H, RICHARD H, et al. A global view of gene activity and alternative splicing by deep sequencing of the human transcriptome[J]. Science,2008,321(5891):956-960.

[141] 李旭. 分子标记辅助选择改良油菜核不育系[D]. 武汉:华中农业大学,2019.

[142] 崔凯,吴伟伟,刁其玉. 转录组测序技术的研究和应用进展[J]. 生物技术通报,2019,35(7):1-9.

[143] ROBINSON M D,MCCARTHY D J,SMYTH G K. EdgeR: a Bioconductor package for differential expression analysis of digital gene expression data [J]. Bioinformatics,2010,26(1):139-140.

[144] ZHU Q H,STEPHEN S,KAZAN K,et al. Characterization of the defense transcriptome responsive to *Fusarium oxysporum* - infection in *Arabidopsis* using RNA-seq[J]. Gene,2013,512(2):259-266.

[145] STRAUß T,VAN POECKE R M P,STRAUß A,et al. RNA-seq pinpoints a Xanthomonas TAL - effector activated resistance gene in a large - crop genome[J]. Proceedings of the National Academy of Sciences,2012,109 (47):19480-19485.

[146] YANG H H,ZHAO T T,JIANG J B,et al. Transcriptome analysis of the *Sm*-mediated hypersensitive response to *Stemphylium lycopersici* in tomato [J]. Frontiers in Plant Science,2017,8:1257.

[147] XUE D Q,CHEN X L,ZHANG H,et al. Transcriptome analysis of the *Cf*-12-mediated resistance response to *Cladosporium fulvum* in tomato[J]. Frontiers in Plant Science,2017,7:2012.

[148] LIU G,LIU J F,ZHANG C L,et al. Physiological and RNA-seq analyses

provide insights into the response mechanism of the *Cf* − 10 − mediated resistance to *Cladosporium fulvum* infection in tomato[J]. Plant Molecular Biology,2018,96(4−5):403−416.

[149]ZHANGD Y,BAO Y F,SUN Y G,et al. Comparative transcriptome analysis reveals the response mechanism of *Cf* − 16 − mediated resistance to *Cladosporium fulvum* infection in tomato[J]. BMC Plant Biology,2020,20 (1):33.

[150]HUANG S,LI R,ZHANG Z,et al. The genome of the cucumber,*Cucumis sativus* L. [J]. Nature Genetics,2009,41(12):1275−1281.

[151]SCHNABLE P S,WARE D,FULTON R S,et al. The B73 maize genome: complexity, diversity, and dynamics [J]. Science, 2009, 326 (5956): 1112−1115.

[152]BRENCHLEY R,SPANNAGL M,PFEIFER M,et al. Analysis of the bread wheat genome using whole−genome shotgun sequencing[J]. Nature,2012, 491(7426):705−710.

[153]SCHMUTZ J,CANNON S B,SCHLUETER J,et al. Genome sequence of the palaeopolyploid soybean[J]. Nature,2010,463(7278):178−183.

[154]WANG X,WANG H,WANG J,et al. The genome of the mesopolyploid crop species *Brassica rapa*[J]. Nature Genetics,2011,43(10):1035−1039.

[155]HUANG X, ZHAO Y, LI C, et al. Genome − wide association study of flowering time and grain yield traits in a worldwide collection of rice germplasm[J]. Nature Genetics,2012,44(1):32−39.

[156] ABE A, KOSUGI S, YOSHIDA K, et al. Genome sequencing reveals agronomically important loci in rice using MutMap [J]. Nature Biotechnology,2012,30(2):174−178.

[157]LAI J,LI R,XU X,et al. Genome−wide patterns of genetic variation among elite maize inbred lines[J]. Nature Genetics,2010,42(11):1027−1030.

[158]TIAN F,BRADBURY P J,BROWN P J,et al. Genome−wide association

study of leaf architecture in the maize nested association mapping population [J]. Nature Genetics,2011,43(2):159-162.

[159]JIAO Y,ZHAO H,REN L,et al. Genome-wide genetic changes during modern breeding of maize[J]. Nature Genetics,2012,44(7):812-815.

[160]LIN T,ZHU G T,ZHANG J H,et al. Genomic analyses provide insights into the history of tomato breeding [J]. Nature Genetics, 2014, 46 (11): 1220-1226.

[161] WANG Y, JIANG J, ZHAO L, et al. Application of whole genome resequencing in mapping of a tomato yellow leaf curl virus resistance gene [J]. Scientific Reports,2018,8(1):1-11.

[162]陶申童. 基于重测序的杨树基因组重组事件的研究[D]. 南京:南京林业大学,2017.

[163]华丽霞,汪文娟,陈深,等. 抗稻瘟病 $Pi2/9/z-t$ 基因特异性分子标记的开发[J]. 中国水稻科学,2015,29(3):305-310.

[164]RUI R,LIU S,KARTHIKEYAN A,et al. Fine-mapping and identification of a novel locus Rsc15 underlying soybean resistance to Soybean mosaic virus[J]. Theoretical and Applied Genetics,2017,130(11):2395-2410.

[165]程萌杰,闫双勇,施利利,等. 利用 KASP 标记评价水稻品种多态性[J]. 天津农学院学报,2018,25(4):13-16,23.

[166]HU J,LI J,WU P,et al. Development of SNP,KASP,and SSR Markers by BSR-Seq technology for saturation of genetic linkage map and efficient detection of wheat powdery mildew resistance gene Pm61[J]. International Journal of Molecular Sciences,2019,20(3):750.

[167]葛乃蓬,崔龙,李汉霞,等. 番茄抗黄化曲叶病毒基因 Ty-1 的双重 SNP 标记的开发[J]. 园艺学报,2014,41(8):1583-1590.

[168]TRUONG H T H,TRAN H N,CHOI H S,et al. Development of a co-dominant SCAR marker linked to the Ph-3 gene for *Phytophthora infestans* resistance in tomato(*Solanum lycopersicum*)[J]. European Journal of Plant

Pathology,2013,136(2):237-245.

[169] REN Z, YOU Z, MUNIR S, et al. Development of a highly specific co-dominant marker for genotyping the *Ph-3* (tomato late blight resistance) locus by comparing cultivated and wild ancestor species[J]. Molecular Breeding,2019,39(3):45.

[170] WANG A, MENG F, XU X, et al. Development of molecular markers linked to *Cladosporium fulvum* resistant gene *Cf-6* in tomato by RAPD and SSR methods[J]. HortScience,2007,42(1):11-15.

[171] COLONI T, EIJLANDER R, BUDDING D J, et al. Resistance to potato late blight(*Phytophthora infestans* (Mont.) de Bary) in *Solanum nigrum*, S. *villosum* and their sexual hybrids with S. *tuberosum* and S. *demissum*[J]. Euphytica,1992,66(1-2):55-64.

[172] LLUGANY M, MARTIN S R, BARCELÓ J, et al. Endogenous jasmonic and salicylic acids levels in the Cd-hyperaccumulator *Noccaea* (*Thlaspi*) *praecox* exposed to fungal infection and/or mechanical stress [J]. Plant Cell Reports,2013,32(8):1243-1249.

[173] PAN X Q, WELTI R, WANG X M. Quantitative analysis of major plant hormones in crude plant extracts by high - performance liquid chromatography-mass spectrometry[J]. Nature Protocols,2010,5(6):986-992.

[174] MURRAY M G, THOMPSON W F. Rapid isolation of high molecular weight plant DNA[J]. Nucleic Acids Research,1980,8(19):4321-4326.

[175] LI H, DURBIN R. Fast and accurate long-read alignment with Burrows-Wheeler transform[J]. Bioinformatics,2010,26(5):589-595.

[176] LI H, HANDSAKER B, WYSOKER A, et al. The sequence alignment/map format and SAMtools[J]. Bioinformatics,2009,25(16):2078-2079.

[177] KIMD, LANGMEAD B, SALZBERG S L. HISAT: a fast spliced aligner with low memory requirements[J]. Nature Methods,2015,12(4):357-360.

[178] LANGMEAD B,SALZBERG S L. Fast gapped-read alignment with Bowtie 2[J]. Nature Methods,2012,9(4):357-359.

[179] WANG L,FENG Z,WANG X,et al. DEGseq: an R package for identifying differentially expressed genes from RNA-seq data[J]. Bioinformatics, 2010,26(1):136-138.

[180] LIVAK K J,SCHMITTGEN T D. Analysis of relative gene expression data using real-time quantitative PCR and the 2-ΔΔCT method[J]. Methods, 2001,25(4):402-408.

[181] CANTU D, VICENTE A R, LABAVITCH J M, et al. Strangers in the matrix: plant cell walls and pathogen susceptibility[J]. Trends Plant Science,2008,13(11):610-617.

[182] CLAVERIE J, BALACEY S, LEMAÎTRE-GUILLIER C, et al. The cell wall-derived xyloglucan is a new DAMP triggering plant immunity in Vitis vinifera and *Arabidopsis thaliana*[J]. Front Plant Science,2018,9:1725.

[183] ZHANG B, HORVATH S. A general framework for weighted gene co-expression network analysis[J]. Statistical Applications in Genetics & Molecular Biology,2005,4(1):1-45.

[184] BAILEY D L,KERR E A. *Cladosporium fulvum* race 10 and resistance to it in tomato[J]. Canadian Journal of Botany,2011,42(11):1555-1558.

[185] HAMMOND-KOSACK K E,JONES J D G. Incomplete dominance of tomato Cf genes for resistance to *Cladosporium fulvum*[J]. Molecular Plant Microbe Interactions,1994,7:58.

[186] LAM E,KATO N,LAWTON M. Programmed cell death, mitochondria and the plant hypersensitive response[J]. Nature,2001,411(6839):848-853.

[187] SUZUKI N,MILLER G,MORALES J,et al. Respiratory burst oxidases: the engines of ROS signaling[J]. Current Opinion in Plant Biology,2011,14 (6):691-699.

[188] APEL K,HIRT H. Reactive oxygen species: metabolism, oxidative stress,

and signal transduction[J]. Annual Review of Plant Biology,2004,55(1):
373-399.

[189]王晓艳. 番茄叶霉病的抗性遗传研究[D]. 杭州:浙江大学,2008.

[190]刘冠,赵婷婷,薛东齐,等. 番茄抗叶霉病的生理指标分析[J]. 江苏农
业科学,2016,44(9):133-138.

[191]BARI R,JONES J D G. Role of plant hormones in plant defense responses
[J]. Plant Molecular Biology,2009,69(4):473-488.

[192]LI J,BRADER G,PALVA E T. The WRKY70 transcription factor:a node
of convergence for jasmonate-mediated and salicylate-mediated signals in
plant defense[J]. The Plant Cell,2004,16(2):319-331.

[193]DELANEY T P,UKNES S,VERNOOIJ B,et al. A central role of salicylic
acid in plant disease resistance [J]. Science, 1994, 266 (5188):
1247-1250.

[194]BECK M,HEARD W,MBENGUE M,et al. The INs and OUTs of pattern
recognition receptors at the cell surface[J]. Current Opinion in Plant
Biology,2012,15(4):367-374.

[195]SHIU S H,BLEECKER A B. Receptor-like kinases from *Arabidopsis* form a
monophyletic gene family related to animal receptor kinases [J].
Proceedings of the National Academy of Sciences, 2001, 98 (19):
10763-10768.

[196]GIMENEZ-IBANEZ S,HANN D R,Ntoukakis V,et al. AvrPtoB targets the
LysM receptor kinase CERK1 to promote bacterial virulence on plants[J].
Current Biology Cb,2009,19(5):423-429.

[197]LECOURIEUX D,LAMOTTE O,BOURQUE S,et al. Proteinaceous and
oligosaccharidic elicitors induce different calcium signatures in the nucleus
of tobacco cells[J]. Cell Calcium,2005,38(6):527-538.

[198]BOUDSOCQ M,WILLMANN M R,MCCORMACK M,et al. Differential
innate immune signalling via Ca^{2+} sensor protein kinases[J]. Nature,2010,

464(7287):418-422.

[199] KOBAYASHI M, OHURA I, KAWAKITA K, et al. Calcium–dependent protein kinases regulate the production of reactive oxygen species by potato NADPH oxidase[J]. Plant Cell,2007,19(3):1065-1080.

[200] DUBIELLA U,SEYBOLD H,DURIAN G,et al. Calcium–dependent protein kinase/NADPH oxidase activation circuit is required for rapid defense signal propagation[J]. Proceedings of the National Academy of Sciences of the United States of America,2013,110(21):8744-9.

[201] HU Z J,LV X Z,XIA X J,et al. Genome–wide identification and expression analysis of calcium–dependent protein kinase in tomato[J]. Frontiers in Plant Science,2016,7:469.

[202] MA W,SMIGEL A,TSAI Y C,et al. Innate immunity signaling: cytosolic Ca^{2+} elevation is linked to downstream nitric oxide generation through the action of calmodulin or a calmodulin–like protein[J]. Plant Physiology, 2008,148(2):818-828.

[203] RANTY B,ALDON D,COTELLE V,et al. Calcium sensors as key hubs in plant responses to biotic and abiotic stresses [J]. Frontiers in Plant Science,2016,7:327.

[204] TENA G,ASAI T,CHIU W L,et al. Plant mitogen–activated protein kinase signaling cascades[J]. Current Opinion in Plant Biology,2001,4(5):392-400.

[205] ASAI T,TENA G,PLOTNIKOVA J,et al. MAP kinase signalling cascade in *Arabidopsis* innate immunity [J]. Nature Publishing Group, 2002, 415 (6875):977-983.

[206] SOYLU S,BROWN I,MANSFIELD J W. Cellular reactions in *Arabidopsis* following challenge by strains of *Pseudomonas syringae*: from basal resistance to compatibility [J]. Physiological and Molecular Plant Pathology,2005,66(6):232-243.

[207] MAO Y B, LIU Y Q, CHEN D Y, et al. Jasmonate response decay and defense metabolite accumulation contributes to age–regulated dynamics of plant insect resistance[J]. Nature Communications,2017,8(1):1-13.

[208] BETSUYAKU S,KATOU S,TAKEBA YASHI Y,et al. Salicylic acid and jasmonic acid pathways are activated in spatially different domains around the infection site during effector–triggered immunity in *Arabidopsis thaliana* [J]. Plant and Cell Physiology,2018,59(1):8-16.

[209] BERENS M L,BERRY H M,MINE A,et al. Evolution of hormone signaling networks in plant defense[J]. Annual Review of Phytopathology,2017,55: 401-425.

[210] KLESSIG D F, CHOI H W, DEMPSEY D M A. Systemic acquired resistance and salicylic acid: past, present, and future [J]. Molecular Plant–Microbe Interactions,2018,31(9):871-888.

后　记

　　番茄叶霉病的相关研究开展较早,多集中在病原菌生理小种分化、病原菌 *Avr* 基因产物结构和功能以及抗叶霉病基因 *Cf* 的克隆和抗病机制研究。全面探讨番茄叶霉病抗病基因 *Cf* 介导的抗病应答机制,是笔者研究生期间所在课题组一直研究的课题,因此笔者也一直对 *Cf* 基因有着深厚的研究情怀并致力于继续进行基因功能的挖掘和验证。

　　本书所得研究成果是在课题组丰富的前期工作基础下完成的,感慨师门专注于番茄叶霉病研究的远大意义和躬耕心酸,期待对今后的理论和应用研究方向以及为番茄叶霉病抗病机制的深入研究和育种应用奠定基础。

　　我忘不了导师许向阳研究员对我的选题和试验过程给予的耐心细致的指导。有幸,我的硕士研究生和博士研究生导师均为许老师,七年时间,许老师几乎每天都会到办公室工作,这种对待科研的态度和精神是我学习及工作中永远的榜样。七年时间,每次许老师看到我都会露出标志性的笑容,每一次打电话都让我感到和蔼亲切。不知不觉,时间流逝,许老师似乎没有变化,还是那么富有活力,积极乐观,这更是我以后工作和生活中都要一直学习的。

　　我忘不了李景富老师 79 岁高龄还亲力亲为地一次次带领我们奋战在番茄大棚中,指导我们学习播种和栽培技术。李老师是课题组的精神支柱,他一年 365 天,只要不出差,每天都会准时出现在办公室,写材料,改论文,指导学生做试验。他的办公室紧挨着实验室,每次我去做试验都会看到他在电脑前工作,这种精神也一直鼓励着我坚持进行,永不退缩。

　　我忘不了课题组杨欢欢师姐对我的耐心帮助。每当我遇到科研难题时,她总能第一时间帮我排忧解难。忘不了在读博的过程中,赵婷婷师姐给予的经验分享,让我拥有走下去的信心和勇气。忘不了师弟师妹们的贴心陪伴、自习室里的欢声笑语。

　　在此，我感谢许向阳老师在学术道路和人生道路上对我的指引，在试验设计和书稿写作等方面的悉心指导，让我度过了有意义的数年时光。感谢李景富老师在课业和生活中的细心关注和鼓励，让我的科研之路倍感温暖。感谢姜景彬老师、陈秀玲老师和张贺老师给予的各种支持和理解，感谢杨欢欢师姐和赵婷婷师姐的无私帮助，感谢师弟师妹们的理解和帮助，是你们让我在番茄课题组的生活如此丰富精彩。

　　最后我要感谢我的父母，他们一直鼓励我，支持我，包容我，做我坚实的后盾。感谢李会佳先生一路的陪伴和照顾、沮丧时的鼓励、懒惰时的督促、开心时的分享，幸而有你，不负遇见。